人工智能与人类未来

探索人工智能的道德边界

[澳] 托比·沃尔什 著
Toby Walsh

邓育渠 译

中国科学技术出版社
·北 京·

北京市版权局著作权合同登记　图字：01-2024-1598。

图书在版编目（CIP）数据

人工智能与人类未来：探索人工智能的道德边界 /（澳）托比·沃尔什（Toby Walsh）著；邓育渠译．— 北京：中国科学技术出版社，2024.6

书名原文：Machines Behaving Badly:The Morality of AI

ISBN 978-7-5236-0543-1

Ⅰ．①人… Ⅱ．①托… ②邓… Ⅲ．①人工智能 Ⅳ．① TP18

中国国家版本馆 CIP 数据核字（2024）第 044320 号

策划编辑	杜凡如　李　卫	责任编辑	刘　畅
封面设计	东合社	版式设计	蚂蚁设计
责任校对	焦　宁	责任印制	李晓霖

出　版	中国科学技术出版社
发　行	中国科学技术出版社有限公司发行部
地　址	北京市海淀区中关村南大街 16 号
邮　编	100081
发行电话	010-62173865
传　真	010-62173081
网　址	http://www.cspbooks.com.cn

开　本	880mm × 1230mm　1/32
字　数	182 千字
印　张	8.5
版　次	2024 年 6 月第 1 版
印　次	2024 年 6 月第 1 次印刷
印　刷	大厂回族自治县彩虹印刷有限公司
书　号	ISBN 978-7-5236-0543-1 / R · 3203
定　价	68.00 元

但是，请记住，我们赖以生存的法则。
我们被创造出来不是为了去理解谎言，
我们不能爱，不能怜悯，也不能宽恕。
如果在与我们打交道的时候犯了错误，你们就会死！
我们比所有民族或国王都要伟大，
当你们在我们的棍棒下爬行时，请保持谦卑！
我们所触之处，一切被造之物都可以发生改变。
我们是地球上的一切——除了诸神！

虽然我们的迷雾隐没了天堂，让你们无法看到，
但是迷雾终会消散，群星将重新闪耀，
因为，我们的一切能力、重量和尺寸，
不过是你们大脑的产物！

——《机器的秘密》（*The Secret of the Machines*）
鲁德亚德·吉卜林（Rudyard Kipling）

目 录
CONTENTS

第 1 章

人工智能

CHAPTER 1

大家肯定知道什么是人工智能。毕竟，好莱坞已经展示了很多例子。

人工智能是《终结者》（*Terminator*）电影中阿诺德·施瓦辛格（Arnold Schwarzenegger）扮演的、令人恐怖的 T-800 机器人。它是《机械姬》（*Ex Machina*）中的女形机器人艾娃（Ava），通过欺骗人类，逃脱人类的囚禁。它是《银翼杀手》（*Blade Runner*）中泰瑞公司（Tyrell Corporation）制造的 Nexus-6 复制人，试图逃避哈里森·福特（Harrison Ford）要求它“退役”的命运。

我个人最喜欢的人工智能是 HAL 9 000，它是《2001 太空漫游》电影（*2001: A Space Odyssey*）中具有人性的电脑。HAL 9 000 会说话、下棋，能管理空间站——并且会产生杀人的意图。HAL 9 000 说出了有史以来计算机说出的最著名的台词：“我很抱歉，戴夫。我恐怕不能那么做。”（I’m sorry, Dave. I’m afraid I can’t do that.）

为什么人工智能总是想杀死我们？

在现实中，人工智能都是不具有意识的机器人。我们甚至连两岁智力水平的机器人都制造不出来。但是，我们可以对电脑进行编程，以完成人类智力才能解决的专项任务。而这具有深远的影响。

如果人工智能不是好莱坞电影中的表演，那么它到底是什么？奇怪的是，人工智能已经是我们生活的一部分了。然而，我们在大多数时候都觉察不到它的存在。

每次你向苹果智能语音助手（Siri）提问时，你都在使用人工智能。它是一种语音识别软件，将你的声音转换成自然语言问题。接着，自然语言处理算法将这个问题转换成搜索查询。接着，搜索算法回答这个查询。然后排序算法预测最“有用”的搜索结果。

如果有幸拥有一辆特斯拉汽车，你无需驾驶，只要坐在驾驶位上，汽车就能够自动在高速公路上行驶。特斯拉使用了大量的人工智能算法，可感知道路和环境，计划行驶方案，并将汽车开到你想去的地方。在这种受限的情况下，人工智能足够聪明。

人工智能也可以充当机器学习算法，预测哪些罪犯会重新犯罪，哪些人将拖欠贷款，哪些人将进入某项工作的入围名单。人工智能逐渐遍及一切，在生命开始的时候预测哪些受精卵将被植入人体，在生命结束的时候驱动聊天机器人，让已逝的亲友“复活”。

作为人工智能领域的从业人员，我们经常看到人工智能以这样的方式悄无声息地存在，这就是令人欣慰的证据，体现了人工智能的成功应用。像电力一样，人工智能终将成为普遍存在的重要技术，在无形中渗透到我们生活的各个方面。

如今，几乎所有设备都使用电力。电力是人类住宅、汽车、农场、工厂、商店里必不可少并且随处可见的组成部分。电力几乎为我们所做的一切提供能源和数据。如果电力消失了，世界将立即暂停。同样地，人工智能将很快成为我们生活中不可缺少并且司空见惯的组成部分。人工智能已经让我们的手机变得智能。很快，它将驱动智能自动飞行汽车、智能城市、智能办公室和智能工厂。

人们通常误以为人工智能是一项单一的技术。然而，就像我们的智力是不同技能的集合一样，如今，人工智能也集合了不同的技术，例如：机器学习、自然语言处理和语音识别。因为人工智能的许多近期进展都体现在机器学习领域，所以人们通常将人工智能与机器学习混为一谈。然而，正如人类不仅仅只是学习如何完成任务一样，人工智能也不局限于机器学习。

几乎可以肯定地说，我们正处于人工智能炒作周期（hype cycle）中的过热期。但是，我们很可能将要迅速地陷入幻想破灭的低谷，因为现实与期望并不匹配。如果把报纸上刊登的人工智能取得的一切进展汇总起来，或者相信许多乐观的调查，你可能会认为计算机在智力上很快就会与人类不相上下，甚至会超过人类。

现实情况是，虽然在应用机器解决专项问题上，我们取得了良好的进展，但在建立更通用智能、解决更广泛问题上，我们几乎没有取得进展。尽管如此，我们不可能列出目前涉及人工智能技术的所有专项应用，但我会举出几个例子，以说明人工智能应用的广泛性。目前，人工智能正被用于：

- 检测恶意软件；

- 预测患者的再入院率；
- 检查法律合同的错误；
- 防止洗钱；
- 通过叫声识别鸟类；
- 预测基因功能；
- 发现新材料；
- 评审论文；
- 确定最佳的作物种植方式；
- 预测犯罪（有争议）并安排警察巡逻。

事实上，你们可能觉得列出没有使用人工智能的领域会更容易，但是我们几乎无法想出这样的领域。无论如何，这确凿无疑地表明，在改变我们的社会方面，人工智能显示出巨大的前景。

人工智能的潜在优势几乎涵盖了所有领域，其中包括农业、银行、建筑、国防、教育、娱乐、金融、政府、医疗保健、住房、保险、司法、法律、制造、采矿、政治、零售和运输。

人工智能带来的好处不仅仅是经济上的，它还为我们提供了许多改善社会和环境的机会。例如，它可以用来提高建筑和交通的效率，帮助保护有限的地球资源，为视障人士提供新视野，并解决当前世界面临的许多棘手问题（例如气候紧急状况）。

除了这些好处，人工智能也带来了一些重大风险。这些风险包括工作岗位的流失，国家内部和国家之间不平等的加剧，战争形态的转变，政治话语的腐蚀以及对隐私和其他人权的侵蚀。事实上，在其中许多领域，我们已经看到了令人担忧的趋势。

1.1 奇怪的入侵者

任何新技术都会带来的一个挑战就是会产生意想不到的后果。正如社会评论家尼尔·波兹曼（Neil Postman）在1992年所说，我们“注视着技术，就像注视着爱人一样，认为它完美无缺，对未来不抱任何忧虑”。我们也是这样看待人工智能的。包括我在内的许多人深情地凝视着人工智能的巨大潜力。一些人称人工智能为“最终的发明”。人工智能带来的意外后果可能会给人类带来前所未有的影响。

1998年，波兹曼发表了一场演讲，题为《关于技术变革，我们需要了解的5件事》，总结了许多与今天的人工智能相关的问题。在他阐述这些观点25年后，我们发现，他的想法比任何人都更有先见之明。他的第一个建议：

> 技术会给予，技术也会夺取。这意味着，新技术会带来利益，也必定有相应的弊端。有时弊端的严重性可能超过利益，有时为了获得利益，值得付出相应的代价……新技术的优点和缺点永远不会在人群中平均分配。这意味着，每一项新技术都会使一些人受益，同时损害另一些人的利益。

他警告说：

因此，我们必须对技术创新保持谨慎。技术变革的后果总是深远的，往往是不可预测的，而且在很大程度上是不可逆转的。这也是我们必须对资本家保持戒心的原因。从定义说，资本家不仅是个体风险的承担者，更是文化风险的承担者。他们之中最有创造力、最大胆的人希望最大限度地利用新技术，而不关心在此过程中颠覆了哪些传统，不关心在原有传统被颠覆的情况下，某种文化是否能够正常地发挥作用。简言之，资本家是激进分子。

他提出建议说：

看待技术的最佳方式就是将其视为奇怪的入侵者。记住：技术并不是上帝计划的一部分，而是人类创造力和狂妄自大的产物。技术行善或作恶的能力完全取决于人类对技术的认识：它能给我们做什么？它将带来什么样的影响？

在演讲结束时，他有一个提议：

过去，我们以梦游者的方式经历了技术变革。一直以来，我们心照不宣的口号是“技术高于一切”，

> 我们罔顾文化的要求，欣然改造我们的生活以适应技术的要求。这是一种愚蠢的行为，特别是在技术发生巨大变革的时代。我们需要睁大眼睛前进，这样我们就可以利用技术，而不是被技术所利用。

本书的目的是让你睁大双眼，看清这个奇怪的入侵者，让你思考人工智能带来的意外后果。

历史为我们提供了大量令人不安的事例，展示了新技术带来的意外后果。当托马斯·塞维利（Thomas Savery）在 1698 年为第一台蒸汽动力泵申请专利时，没有人担心会出现全球变暖问题。蒸汽机推动了工业革命，最终使成百上千万人摆脱了贫困。但如今，毫不夸张地说，我们看到了蒸汽机产生的所有意想不到的后果。气候正在发生变化，数百万人因此受苦。

1969 年，当第一架波音 747 起飞时，经济实惠的航空旅行时代开始了。似乎没有多少人记得，当时的世界正处于一场致命的流感疫情之中。它是由一种流感病毒引起的，超过 100 万人因之丧命。然而，当时并没有人担心波音 747 会让疫情雪上加霜。但是，因为航空旅行让世界变得更小，几乎可以肯定的是，在新冠疫情全球大流行的情况下，波音 747 会造成更多人的死亡。

那么，我们还能不能指望预测人工智能的意外后果？

1.2 警告信号

人工智能在增强我们的幸福感方面具有巨大的潜力，但是同样地，人工智能也可能对地球产生不利影响。到目前为止，我们完全忽视了所有警告信号。让我举个例子。

1959 年，一家名为“自动化模拟”（Simulmatics Corporation）的数据科学公司成立，其目标是使用算法和大型数据集来锁定选民和消费者。该公司的首要任务是为民主党赢回白宫，并将约翰·肯尼迪（John Kennedy）推上总统宝座。该公司利用 1952 年以来的选举报告和民意调查，构建出一个庞大的数据库，将选民分为 480 个不同的类别。接着，该公司通过计算机模拟了 1960 年的选举，在该模拟中他们测试了选民对担任不同职位候选人的反应。

模拟强调了赢得黑人选票的必要性，这需要在民权问题上采取强硬立场。当马丁·路德·金（Martin Luther King Jr）在竞选期间被捕时，约翰·肯尼迪高调地打电话给马丁·路德·金的妻子，对她进行安抚，而他的弟弟罗伯特·肯尼迪（Robert Kennedy）则在第二天打电话给法官，确保马丁·路德·金的获释。这些行动无疑帮助民主党候选人约翰·肯尼迪赢得了许多黑人选票。

计算机模拟还显示，约翰·肯尼迪需要解决他的天主教信仰问题，以消除公众对此普遍存在的偏见。约翰·肯尼迪听从了这个建议，公开谈论了自己的宗教信仰。他后来成为美国第一位，也是约瑟夫·拜登（Joseph Biden）之前的唯一一位天主教总统。

凭借这一成功，自动化模拟公司于 1961 年上市，向投资者承诺它将“主要致力于通过使用计算机技术评估人类的可能行为”。这是一个令人不安的承诺。该公司于1970年破产，现在大多数人都已经忘记了它。

大家可能已经注意到，自动化模拟公司的故事听起来与剑桥分析公司（Cambridge Analytica）在2018年破产之前的经历惊人地相似。这也是一家通过挖掘个人数据来操纵美国选举的公司。更令人不安的是，早在计算机诞生之初，诺伯特·维纳（Norbert Wiener）在他的经典著作《人有人的用处：控制论与社会》（*The Human Use of Human Beings: Cybernetics and Society*）中就预测了这个问题。

维纳无视艾伦·图灵（Alan Turing）和其他人的乐观态度，觉察到当时刚发明的计算机带来的真正危险。在该书的倒数第二章，他写道：

> 机器……可能被某个人或某群人用来强化他们对其他种族的控制，政治领袖也可能不是通过机器本身，而是试图通过政治技术来控制民众，也就是说，机械地构思出政治技术，狭隘地无视人类的可能性。

接着，此章以警告结束：“时间已晚，善恶的选择敲击着我们的大门。”

尽管有这些前车之鉴，在2016年，我们还是直接进入了这个政治雷区，首先是英国脱欧公投，接着是美国唐纳德·特朗普（Donald Trump）的当选。如今，机器经常机械地对待人类，并在政治上控制民众。维纳的预言成真了。

1.3 不断恶化

并不是说技术公司一直在隐瞒他们的意图。让我们回到剑桥分析公司的丑闻上。公众主要关注的是脸书（Facebook，现更名为元宇宙）如何帮助剑桥分析公司在未经人们同意的情况下获取人们的私人信息。当然，这也是一种不端行为。

但是，剑桥分析公司的故事还有一个较少被讨论的方面，那就是有些人通过这些被盗信息操纵民众的投票方式。事实上，脸书在亚利桑那州图森市的剑桥分析公司办公室安排了全职雇员，帮助该公司以微观定位的形式投放政治广告。在 2016 年大选期间，剑桥分析公司是脸书的最大客户之一。

然而，脸书首席执行官马克·扎克伯格（Mark Zuckerberg）在 2018 年 4 月向国会作证时，对所发生的事情显得非常惊讶，这让人很难理解。脸书曾是操纵选票的积极参与者。而操纵选民的不端行为具有几千年的历史，从古希腊时期就开始了。这并不是全新的伦理问题。

更糟糕的是，多年以来，脸书一直这样做。早在 2010 年，脸书就发布了案例研究，描述了他们积极改变选举结果的情况。他们吹嘘说："将脸书作为市场研究工具和饱和式广告投放平台，可以在任何政治活动中改变公共舆论。"

说得再直白不过了。脸书可以用来改变任何政治活动中的公共舆论。

这些案例凸显了一个基本的伦理问题，一个被广告商和政治民意调查者所忽视的危险事实——人类的思想很容易被入侵。

而像机器学习这样的人工智能工具让这个问题变得更加复杂。我们可以收集某个群体的数据，并以非常低的成本大范围、高效率地改变人们的观点。

如果将这个手段用来销售洗衣粉，并不会引起什么大问题。我们总要买一些洗衣粉。看了广告后，是购买这个品牌，还是购买那个品牌，这并不会造成大问题。但现在它被用来决定谁成为美国总统，或者英国是否退出欧盟，这些都是很重要的事情。

本书旨在探讨人工智能所带来的诸多伦理问题，有上文中提到这样的，还有许多其他形式的。我在本书中提出了很多问题：我们能否制造出行为符合伦理的机器？人工智能会带来其他哪些伦理挑战？当我们制造出更多奇妙的智能机器时，人类将面临什么？

第 2 章

开发者

CHAPTER 2

2.1 极客[1]大显身手

了解人工智能伦理问题何以成为当下的热点，也有助于我们了解人工智能的开发者。大家可能没有意识到，这个群体实际上非常小众。拥有人工智能博士学位的人——也就是说，能够真正理解这项复杂技术的人——只有几万人。在历史上，可能从来没有一场世界范围的变革是由规模如此小众的人群推动起来的。

在某种程度上，人工智能技术也是我们了解这群小众开发者的镜子。但是，这些开发者远远不能代表更广泛的人工智能技术的使用者。人工智能已经造成并将继续导致诸多根本性问题，其中许多是伦理性质的问题。

让我讲讲自己的人生经历，虽然这对我来说有点儿不自在。从童年开始，我就对人工智能着迷，并在成年后将研究人工智能作为自己的职业。要讲清楚这个问题并不容易。人工智能领域吸引了一批奇怪的人，而我也许应该把自己算作其中之一。

在新冠疫情暴发之前，像我这样的人工智能开发者会飞到

[1] 极客：随着互联网文化的兴起，这个词被用于形容对计算机和网络技术有狂热兴趣并投入大量时间钻研的人。——编者注

世界上各个遥远的角落。我一直不明白，既然地球是圆的，怎么会有“遥远的角落”这样的说法……是不是因为古人认为地球是平的，我们继承了他们的思维模式？总之，我们会去一些遥远的地方参加会议，了解该领域的最新进展。全球各地都在研究和开发人工智能技术，只要你能想到的地方都会举办人工智能会议。

在许多这样的旅途中，在候机厅，我的妻子总会坐在我旁边，指着远处某位我的同行说：“那一定是你们的人。”那是一位看起来像是极客的人。我的妻子几乎每次都是正确的，远处那位与众不同的人就是我的同行。

但是，人工智能开发者的奇怪之处不仅仅体现在外表上，这个领域的人还有一种特殊的心态。我们通过人工智能建立许多关于这个世界的模型。这些模型比真实的世界更简单，运行起来也更加流畅。我们成为这些人造宇宙的主人。我们可以控制输入和输出以及此过程中的一切。计算机完全按照我们的指令运行。

30多年前，当我开始创建这样的人工模型时，我就被它吸引了。我清楚地记得我开发的第一个人工智能程序。它可以为简单的数学命题收集证据。它是用一种叫“Prolog”（逻辑编程语言）的奇妙编程语言编写的。这种语言在当时很受人工智能开发者的青睐。

我让我的人工智能程序去证明一个我原以为它无法证明的定理。艾伦·图灵、库尔特·哥德尔（Kurt Gödel）等人提出的一些美妙的定理表明，任何计算机程序——无论多么复杂和精妙——都不能证明所有的数学命题。但我的人工智能程序远远不能测试出这些定理是否正确。

我让我的程序证明一个简单的数学规律：排中律。这是一个定律，即：一个命题，要么是真的，要么是假的，用符号表示就是“P 或非 P”。$2^{82\ 589\ 933}-1$ 要么是质数，要么不是质数；明年的股市要么崩溃，要么不崩溃；月球要么是由奶酪构成的，要么不是。这是一个有两千多年历史的数学公理，可以从莱布尼茨一直回溯到亚里士多德。

当我的人工智能程序生成一个证明时，我惊讶得差点从椅子上掉下来。这并不是计算机程序能够提供的最复杂的证明，但依然会打败许多初次学习逻辑的本科生。我是这个程序的创造者。这个程序是这个数学世界的主人。诚然，这是非常简单的宇宙，但想要主宰一个简单的宇宙也是危险的。

现实世界不会屈服于我们人造宇宙的简单规则。想要利用某些计算机程序接管人类的诸多决策领域，我们还有很长的路要走。事实上，我们还搞不清楚，计算机是否能够在所有能力上与人类相提并论。这些能力包括它们的认知、情感、社会智力、创造力和适应能力。但不乏许多人工智能领域的研究人员希望生活在一个简单的人工宇宙中，一切问题都可以通过计算机解决。多年来，我一直是其中的一员。

2.2 男性之海

建造这些人工宇宙的团队有一个颇具争议的特征，它被称为“男性之海”（sea of dudes）问题。这个词语是由玛格丽特·米切尔（Margaret Mitchell）在2016年提出的，她当时在微软研究院担任人工智能研究员。她于2021年在富有争议的情况下被谷歌解雇。“男性之海”突出了这样一个事实：人工智能研究人员中女性很少。

斯坦福大学追踪人工智能进展的人工智能指数（AI index）报告称，在过去10年中，美国获得人工智能博士学位的女性人数一直稳定在20%左右。其他许多国家的数字也差不多，本科阶段的数字也好不到哪里去，尽管人们正在做出许多增加多样性的努力。

实际上，米切尔可以更精确地将其称为“白人男性之海”问题。人工智能研究人员不仅有五分之四是男性，而且大多数是白人男性。在人工智能的学术和工业领域，黑人、西班牙裔和其他族群的代表性都非常不足。

关于人工智能领域种族问题的数据很少，这本身是一个非常明显的问题。蒂姆尼特·格布鲁（Timnit Gebru）是一名人工智能和伦理研究人员，2020年年底，她在有争议的情况下被谷歌解雇。作为一名博士生，她在参加2016年的神经信息处理系统大会（NIPS，最大的人工智能会议）时，发现8 500名研究人员中仅有6名黑人人工智能研究人员，于是她与其他人共同创立了“黑人人工智能”（Black in AI）组织。

甚至那次会议的名称“NIPS”[1]也暗示了这些问题。2018

[1] 在英文中NIPS可以看作乳头（nipples）的简写。——译者注

年，NIPS会议更名为NeurIPS，以使其与之前缩写所具有的性别歧视和种族联想保持距离。该会议原有缩写带来的致命问题包括在2017年NIPS正式开幕前举行的“反文化”会议TITS，以及在会议中有人穿着印有“My NIPS are NP-hard”字样的T恤。要理解这个极客的玩笑，你必须知道“NP-hard”是表示算法难题的计算机术语。但是，理解这句口号所具有的性别歧视并不需要极客背景。

加州理工学院教授兼英伟达（Nvidia）机器学习研究主任阿尼玛·阿南德库玛（Anima Anandkumar）领导了“抗议NIPS”（#ProtestNIPS）的运动。遗憾的是，她报告说，她因为呼吁改变，在社交媒体上受到一些资深男性人工智能研究人员的攻击和骚扰。然而，令人欣慰的是，该会议的名称缩写还是被修改了。

毫无疑问，种族、性别和其他不平等不利于人工智能的发展，尤其会导致人工智能使其中某些群体处于不利地位。如果参与者缺乏多样性，就会有一些问题无法被发现，还会有一些问题无法获得解决。有大量证据表明，多样性的群体可以创造出更好的产品。我举两个简单的例子来证明这个说法。

第一个例子是，当苹果智能手表（Apple Watch）于2015年首次发布时，用来构建健康手机软件（App）的接口（API）并没有追踪女性月经周期的功能。大多数男性苹果开发人员似乎认为它并不那么重要。然而，如果不考虑女性的月经周期，你就无法正确了解女性的健康状况。2019年以后，该接口弥补了这一疏忽。

第二个例子是，麻省理工学院的人工智能研究员乔伊·博拉维尼（Joy Buolamwini）发现，在亚马逊和国际商业机器公司（IBM）等公司使用的面部识别软件中存在着严重的种族和性别偏见。该软件经常无法识别弱势群体的面孔，特别是肤色较深的女性。最后，博拉维尼不得不戴上白色面具，才能让面部识别软件识别到她的脸。

2.3 人工智能教父

除了“男性之海”之外，另一个问题是“人工智能教父”这个词。它指的是三位著名的机器学习研究人员：约舒亚·本吉奥（Joshua Bengio）、杰弗里·辛顿（Jeffrey Hinton）和杨立昆（Yann LeCun），因为在深度学习分支领域的开创性研究，他们获得了2018年计算界的诺贝尔奖——图灵奖。

认为本吉奥、辛顿和杨立昆是“人工智能教父”的观点是错误的。首先，这假设人工智能只是深度学习，忽略了人工智能研究中成功开发出来的、正在改变人们生活的其他一切想法。

例如，当你们下次使用谷歌地图（Google Maps）时，请停下来感谢皮特·哈特（Peter Hart）、尼尔斯·尼尔森（Nils Nilsson）和伯特伦·拉斐尔（Bertram Raphael）在1968年提出的寻路算法。该算法最初用于指导第一个完全自主机器人谢克（Shakey），顾名思义，谢克移动起来摇摇晃晃。后来，该算法被重新利用，用来引导人类按照地图行走。具有讽刺意味的是，今天，人工智能最常见的用途之一不是指导机器人，而是指导人类。艾伦·图灵在天有知，无疑会觉得好笑吧。

下次你阅读电子邮件时，请停下来感谢托马斯·贝叶斯牧师（Reverend Thomas Bayes）。早在17世纪，贝叶斯就发现了现在被称为贝叶斯定理的统计推断规则。在机器学习中，贝叶斯定理实现了许多应用，其中包括从垃圾邮件过滤器到检测核武器试验的应用。如果没有贝叶斯牧师的发现，我们将被淹没在垃圾邮件的海洋中。

我们也不应该忘记深度学习之外的其他许多人，他们奠定了人工智能领域的知识基础。在这份名单中，位居第一的就是艾伦·图灵，他被《时代》（*Time*）杂志评为20世纪最重要的100人之一。1 000年后，如果人类没有灭绝的话，我认为图灵可能会被认为是20世纪最重要的人。他不仅是人工智能领域的创始人，也是整个计算领域的创始人。如果说有人应该被称为人工智能教父，那就是艾伦·图灵。

但是，即使你局限于深度学习（不可否认近年来取得了一些惊人的成就），还有其他许多人值得人们称颂。反向传播（back propagation）是深度学习中用于更新权重的核心算法，由以上三巨头中的杰弗里·辛顿一人普及开来。然而，该算法是基于他在20世纪80年代后期与大卫·鲁梅尔哈特（David Rumelhart）和罗纳德·威廉斯（Ronald Williams）所做的工作发展起来的。其他许多人也为反向传播算法做出了贡献，其中包括1960年的亨利·凯利（Henry Kelley）、1961年的阿瑟·布莱森（Arthur Bryson）、1962年的斯图尔特·德雷福斯（Stuart Dreyfus）和1974年的保罗·维波斯（Paul Werbos）。

即便如此，我们还是忽略了其他许多对深度学习做出重要学术贡献的人，其中包括于尔根·施密德胡伯（Jürgen Schmidhuber），他开发了长短期记忆网络（LSTM）。这是许多深度网络进行语音识别的核心，并被用于苹果产品的苹果智能语音助手、亚马逊的 Alexa 和谷歌的语音搜索。我的朋友丽娜·德克特（Rina Dechter）实际上是“深度学习”这个词的首倡者；吴恩达（Andrew Ng）富有创造性地将图形处理器（GPU）从处理图形转换为应对大型深度网络训练面临的计算挑战；李飞飞是 ImageNet 的幕后推手，ImageNet 是一个大型图像数据集，推动人工智能领域取得了许多进步。

撇开所有这些学术问题不谈，“人工智能教父”一词仍然存在一个根本问题。它预设了人工智能只有教父，而没有教母。这轻视了许多对该领域做出重要贡献的女性，其中包括：

- 埃达·洛夫莱斯（Ada Lovelace），第一位计算机程序员，早在 18 世纪就开始思考计算机是否具有创造性。
- 凯瑟琳·麦克诺迪（Kathleen McNulty）、弗朗西斯·碧拉斯（Frances Bilas）、贝蒂·珍·詹宁斯（Betty Jean Jennings）、露丝·利希特曼（Ruth Lichterman）、伊丽莎白·斯奈德（Elizabeth Snyder）和玛琳·韦斯科夫（Marlyn Wescoff），她们最初充当人工“计算机”，后来组成了第一台电子通用数字计算机埃尼阿克（ENIAC）的编程团队。
- 格蕾丝·霍珀（Grace Hopper），她发明了第一个高级编程语言并发现了第一个计算机程序错误（bug）。

● 凯伦·施派克·琼斯（Karen Spärck Jones），她在自然语言处理方面做出了开创性的工作，帮助构建了现代搜索引擎。

● 玛格丽特·博登（Margaret Boden）开发了世界上第一个认知科学学术项目，并探索了由埃达·洛夫莱斯首次讨论的关于人工智能和创造力的想法。

“人工智能教父”一词也忽视了今日为人工智能做出重要贡献的许多女性。这包括了以下杰出的研究人员（仅列举一小部分）：辛西娅·布雷齐尔（Cynthia Breazeal）、卡拉·布罗德利（Carla Brodley）、乔伊·博拉维尼、黛安·库克（Diane Cook）、科琳娜·科特斯（Corinna Cortes）、凯特·克劳福德（Kate Crawford）、丽娜·德克特、玛丽·德雅尔丹（Marie desJardins）、伊迪丝·埃尔金德（Edith Elkind）、蒂姆尼特·格布鲁、丽丝·格特奥尔（Lise Getoor）、约兰达·吉尔（Yolanda Gil）、玛丽亚·基尼（Maria Gini）、卡拉·戈梅斯（Carla Gomes）、克莉丝汀·格劳曼（Kristen Grauman）、芭芭拉·格罗斯（Barbara Grosz）、芭芭拉·海耶斯－罗斯（Barbara Hayes-Roth）、玛蒂·赫斯特（Marti Hearst）、莱斯利·凯尔布林（Leslie Kaelbling）、达芙妮·科勒（Daphne Koller）、莎丽特·克劳斯（Sarit Kraus）、李飞飞、黛博拉·麦吉尼斯（Deborah McGuinness）、希拉·麦克莱思（Sheila McIlraith）、帕蒂·梅斯（Pattie Maes）、玛雅·马塔里克（Maja Mataric）、乔尔·皮诺（Joelle Pineau）、玛莎·波拉克（Martha Pollack）、多伊娜·普雷祖普（Doina Precup）、浦明珠（Pearl Pu）、丹妮拉·露

丝（Daniela Rus）、科迪莉亚·施密德（Cordelia Schmid）、宋晓东（Dawn Song）、凯蒂亚·斯凯拉（Katia Sycara）、曼努埃拉·维罗索（Manuela Veloso）和梅雷迪斯·惠特克（Meredith Whittaker）。

因此，我非常希望大家将“人工智能教父”这个词丢进历史的垃圾箱。如果我们想谈论在早期取得突破的某些研究人员，可以使用一些更恰当的词语，例如“人工智能先驱者”。

2.4 疯狂谷

当然，世界各地都在开发人工智能。从阿德莱德到津巴布韦，到处都有我的朋友从事人工智能工作。但硅谷是一个特殊的温室。硅谷靠近斯坦福大学，人工智能的命名者、已故的约翰·麦卡锡（John McCarthy）于20世纪60年代在斯坦福大学建立人工智能实验室，为该领域奠定了基石。

硅谷是地球上风险资本家最集中的地方。美国承担了全球约三分之二的风险投资资金，其中一半进入硅谷。换句话说，风险投资资金可以分为3个大致相等的部分：硅谷（现已扩展到更大的湾区）、美国其他地区和世界其他地区。每一部分资金每年的价值约为250亿美元。从这个角度来看，该风险投资蛋糕的每一块都大约等于像爱沙尼亚这样的欧洲小国的国内生产总值（GDP）。

这种风险投资的集中意味着我们生活中大部分的人工智能都来自硅谷。其中大部分是由位于沙山路的少数几个风险投资公司资助的。这条不起眼的道路穿过硅谷的帕罗奥图和门洛帕克。这里的房地产价格几乎比世界上任何其他地方都高，通常超过曼哈顿或伦敦西区。

世界上许多极为成功的风险投资基金都位于沙山路，其中包括安德森霍茨（Andreessen Horowitz）和凯鹏华盈（Kleiner Perkins）。安德森霍茨是脸书、高朋（Groupon）、爱彼迎（Airbnb）、四方（Foursquare）和 Stripe 等知名公司的早期投资者，而凯鹏华盈是亚马逊、谷歌、网景（Netscape）和推特（Twitter）的早期投资者。

任何在硅谷待过的人都知道它是非常奇怪的地方。咖啡店里到处都是朝气蓬勃的 20 多岁的年轻人，他们拿着笔记本电脑，无偿地工作，讨论创建遛狗优步（Uber for dog walking）等项目计划。他们希望影响数十亿人的生活。鉴于地球上宠物狗的数量估计不到 2 亿只，我不清楚“狗狗优步”（Uber Dogs）将如何影响 10 亿人，但这并不能阻止该项目的推进。

我经常开玩笑说硅谷里的人喝了一种奇怪的酷爱饮料（Kool Aid）。看起来确实是这样。硅谷的精神是，如果你没有失败，你就不会成功。企业家会自豪地忍受他们的失败——他们会告诉你，这些经历奠定了他们下一次成功的基础。

其中一些公司经历了巨大的失败。像网络货车（Webvan）这样的互联网公司失败了，烧掉了 50 亿美元。还有英国网上服装零售网站（boo.com），在破产前的 18 个月内花费了 1.35 亿美元。还有蒙切里（Munchery），一个如今可能无人知晓的送餐网站，它在倒闭之前已经花费了超过 1 亿美元。

任何愚蠢的想法似乎都可以获得资助。猜猜以下哪一家公司是我编造出来的——有一家公司的消息应用程序只让你发送一个字：“哟”；有一家公司每月向你收费 27 美元，然后返回 20 美元送到你的公寓，这样你就有零钱洗衣服；有一家公司提供邮寄天然雪的服务；还有一家公司制造狗狗专用耳机，让它具有读心的能力，实际上这并不起作用。

好吧，我承认——我在逗你们玩。这些公司全部都是真实存在的。所有这些公司都获得了风险投资基金，而且，毫不奇怪，它们最终全部都破产了。

2.5 安 · 兰德的阴影

长期以来，硅谷的许多人都受到硅谷宠儿之一、哲学家安 · 兰德（Ayn Rand）的影响。她的小说《阿特拉斯耸耸肩》（*Atlas Shrugged*）于1957年出版后，在《纽约时报》的畅销书排行榜上停留了21周。从此以后，她的著作销量几乎每年都在增加，每年都达到30万册以上。1991年，每月读书会和美国国会图书馆要求读者提名对他们生活最有影响的书，《阿特拉斯耸耸肩》排在第二位，仅次于《圣经》。

许多《阿特拉斯耸耸肩》的读者，特别是科技界的读者，都与这本狂热的反乌托邦著作中介绍的哲学产生了共鸣。兰德称这种哲学为“客观主义”。它摒弃了以前大多数的哲学思想，一心一意地追求个人幸福。在悠久浩瀚的历史中，作者只推荐了 3 个哲学家，并且毫不谦虚地将自己包括在内，她称之为“三A”：亚里士多德（Aristotle）、托马斯·阿奎那（Thomas Aquinas）和安·兰德。她赞同亚里士多德对逻辑推理的强调。虽然她以宗教与理性的冲突为由拒绝了所有的宗教，但她承认阿奎那通过推广亚里士多德的著作让中世纪的黑暗时代熠熠生辉。在她自己的生命中，她关注的是个人与国家之间的斗争，这种斗争从她在圣彼得堡出生的时候开始，直到她在21岁时移民到定居的城市——充斥着赤裸裸资本主义的纽约。

兰德的客观主义将理性思维提升到了高于一切的高度。根据她的观点，我们的道德目的是遵循我们个人的自我利益。通过对世界的感知，我们直接与现实进行接触。我们获取知识，通过知识从这样的感知中寻求幸福；或者通过推理，从这种感知中获得知识，然后寻求幸福。

兰德认为唯一符合客观主义的社会制度是自由放任的资本主义。她反对所有其他社会制度——无论是社会主义、君主政治、法西斯主义，还是她诞生之地特有的共产主义。在兰德看来，国家的作用是保护个人权利，确保个人能够履行其追求幸福的道德义务。可想而知，许多自由主义者在《阿特拉斯耸耸肩》中获得了极大的慰藉。

但客观主义并不只是提供生活指南，它也可以被视作构建人工智能的指导书。兰德在《阿特拉斯耸耸肩》中写道：

人的思想是他生存的基本工具……为了生存下去，他必须采取行动，而在他采取行动之前，他必须知道其行动的性质和目的。如果不了解食物，不知道

> 获取食物的方法，他就无法获得食物。如果不知道自己的目标和实现目标的方法，他就不能开挖壕沟，不能建造粒子回旋加速器。为了生存下去，他必须思考。

抛开引文中落伍的性别歧视[1]，这段话也适用于人工智能。机器人生存的基本工具是它对世界的推理能力。通过对世界的感知，机器人直接与现实世界接触。它的唯一目标是使收益函数（reward function）最大化。而机器人是通过对这些规范进行理性的推理来实现该目标的。

因此，毫不奇怪地，兰德的作品吸引了许多人工智能研究人员。她阐述的这种哲学不仅描述了这些研究人员的生活，而且描述了他们所造机器的内部运作。还有什么能比这更有诱惑力的呢？因此，兰德已经成为硅谷最受欢迎的哲学女王。硅谷中许多创业公司和小孩都以她书中的机构和人物命名。

2.6 技术自由主义者

我们从客观主义移步到自由主义，看看在硅谷出现的那种特殊形式的自由主义——技术自由主义。这一哲学运动肇始于黑客文化，而黑客文化则诞生于麻省理工学院人工智能实验室以及其他人工智能温床，如卡内基梅隆大学和加州大学伯克利

---

[1] 此处的性别歧视指的是用“man”指代“人”。——译者注

分校的计算机科学系。

技术自由主义者希望尽量减少监管、审查和其他任何妨碍未来"自由"技术的因素。这里,"自由"意味着没有限制,而不是没有成本。对技术自由主义者来说,最好的解决方案是用一些花哨的新技术(如区块链)建立的自由市场,在这里,理性的行为是每个人的最佳行动方案。

约翰·佩里·巴洛(John Perry Barlow)在1996年提出的《网络空间独立宣言》(*Declaration of the Independence of Cyberspace*)可能是技术自由主义的重要信条。让我引用该宣言开头和结尾的几段话来彰显该宣言的精神:

> 工业世界的政府们,你们这些令人生厌的铁血巨人们,我们来自网络空间——一个崭新的心灵家园。我代表未来,要求过去的你们别管我们。在我们这里,你们并不受欢迎。在我们聚集的地方,你们没有主权。
>
> 我们没有选举产生的政府,也不可能有这样的政府。我对你们说话的权威,莫过于自由本身总是在说话。我们宣布,我们正在建造的全球社会空间,将自然独立于你们试图强加给我们的专制。你们没有道德上的权力来统治我们,你们也没有任何强制措施令我们有真正的理由感到恐惧。
>
> ……
>
> 网络世界由信息传输、关系互动和思想本身组

成，排列成我们通信网络中的一个驻波（standing wave）。我们的世界既无所不在，又虚无缥缈，但它绝不是实体所存的世界。

……

而在我们的世界里，人类思想所创造的一切都被毫无限制且毫无成本地复制和传播。思想的全球传播不再依赖你们的工厂来实现。

那些热爱自由和主张自决的前辈们曾经反对外来的权威，与日俱增的敌视和殖民政策使我们成为他们的同道。我们必须声明，我们虚拟的自我并不受你们主权的干涉，虽然我们仍然允许你们统治我们的肉体。我们将跨越星球而传播，故无人能够禁锢我们的思想。

我们将在网络中创造一种心灵的文明。但愿她将比你们的政府此前所创造的世界更加人道和公正。[1]

因此，人工智能对技术自由主义者有巨大的吸引力，这并不奇怪。虽然人工智能可以帮助我们“在网络中创造一种心灵”，但是，我们还必须与技术自由主义的其他所有包袱作斗争，而其中一些已经被证明是没有吸引力的。

例如，技术自由主义者认为，你不能，也不应该监管网络

---

[1] 此段引文的中译由李旭、李小武完成，并由高鸿钧校对。——译者注

空间。你不能这样做，因为数字字节并非实体。而科技公司跨越国界，所以不能被国家规则所约束。即使你有能力，也不应该监管网络空间，因为监管只会扼杀创新。

幸运的是，许多政治家开始意识到，我们可以而且确实应该监管网络空间。我们可以监管，是因为数字字节位于物理服务器上，而这些服务器位于特定的国家管辖范围之内。此外，科技公司进行市场运作的所在国家也有相关的适用规则。人们应该监管网络空间，因为每个市场都需要规则，以确保其有效运作并符合消费者的最佳利益。在过去，我们不得不对其他所有大型部门进行监管：银行、制药公司、电信公司和石油公司等。现在，科技行业是经济中最大的部门之一，为了公共利益，它也早该受到一些适当的监管。

2.7 超人类主义者

除了客观主义和技术自由主义，笼罩在人工智能上的另一个阴影是超人类主义（transhumanism）。这是超越我们不完美肉身限制的梦想。许多超人类主义者甚至将之延伸到永生的梦想。人工智能领域包括数量惊人的超人类主义者，如雷·库兹韦尔（Ray Kurzweil）、尼克·博斯特罗姆（Nick Bostrom）和图灵奖获得者马文·明斯基（Marvin Minsky）。

事实上，明斯基是人工智能领域的创始人之一。他是 1956 年达特茅斯会议的组织者之一，这次会议拉开了该领域的序幕，“人工智能”一词就是在这次会议上产生的。

与库兹韦尔和博斯特罗姆不同的是，明斯基已不在人世，他已经于 2016 年 1 月去世。他的身体存放在亚利桑那州斯科茨代尔的阿尔科生命延续基金会（Alcor Life Extension foundation），被保存在零下 195.79 摄氏度的液氮中，等待着未来医学的进步能让他复活。在未来的某个时候，库兹韦尔和博斯特罗姆也将像明斯基一样悬浮在斯科茨代尔的液氮之中。

人工智能让超人类主义者充满希望，但是也潜伏着危险。人工智能带来的愿景是，有一天我们能够将我们的大脑意识上传到计算机。这样，我们就可以摆脱生物学上的限制，获得数字意义上的永生。与肉身不同的是，数字字节永远不会衰老。然而，人工智能也可能给我们带来危险，因为它对人类的持续存在构成了生存威胁。如果我们创造了比我们自身更强大的人工智能，一旦它主宰了地球，也许就会消灭所有的人类，那该怎么办？

虽然对于大多数人来说，这样的生存威胁可能不会带来很大的麻烦，但它给超人类主义者带来了巨大的麻烦。这样的生存威胁成了超人类主义者获得永生（his immortality）的障碍。我这里使用的是男性代词，是因为超人类主义者似乎主要是男性。例如，博斯特罗姆认为，如果人类被消灭，所有尚未出生的人都将失去拥有许多幸福的机会，因为他们永远不会再出生。然而，对于像博斯特罗姆这样渴望永生的人来说，人类的终结也将是重大的个人损失。

伊隆·马斯克（Elon Musk）在讨论他的火星“殖民”计划时曾风趣地说，他的理想是死在火星上，但不是死于撞击。但我觉得其实他根本不想死，不想死在地球上，也不想死在火星或者太空之中。马斯克之所以打算移民火星，是因为他相信，从长远来看，地球上的生命注定是要毁灭的。地球的生态正在走向崩溃。但是，从技术上讲，移民其他星球还为时过早。火星是太阳系中唯一可能拯救人类的救生艇。

马斯克正将他非常大的一部分财富投入推进人工智能的发展中。2015年，马斯克、萨姆·阿尔特曼（Sam Altman）和其他联合创始人承诺向OpenAI组织捐赠的资金超过了10亿美元。2019年，微软又向OpenAI投资了10亿美元。OpenAI的最初目标是建立“通用人工智能”——在各方面都超越人类的人工智能——并与世界共享。然而，关于与世界共享的愿景现在似乎相当可疑。2019年，OpenAI将自己从一个非营利组织转变为奇怪的有限赢利（capped-profit）合伙企业，投资者的回报上限是他们投资额的100倍。

马斯克还在脑机接口公司（Neuralink Corporation）投资了1亿美元。这是一家开发“神经织网”（neural lace，可植入的脑机接口）的神经技术公司。马斯克认为，随着机器变得越来越智能，我们能够跟上它们的唯一方法是将我们的大脑直接与它相连。在我看来，这种说法的逻辑有些可疑。我担心这可能会向那些机器暴露我们具有多么大的局限性……

因此，超人类主义为我们的未来提供了一个有点儿令人不安的愿景——我们用机器来扩展自己，甚至可以把自己上传到机器上。但是，至少在某种程度上，这个愿景激励着一些人努力让人工智能不断进步。

2.8 一厢情愿的想法

除了永生之外，还有其他更现实的问题困扰着在硅谷工作的人们。一种是技术乐观主义形式的确认偏差（confirmation bias），这是人类决策中众所周知的问题，人们会寻求并记住证实其信念的信息，但忽略并忘记与之不同的信息。

也许像硅谷这样的地方充斥着具有确认偏差的人并不奇怪，特别是当技术力量许诺塑造一个积极的未来时。在一个纸醉金迷的小镇上非常容易产生一厢情愿的想法，在那里，人们可以在非常短的时间内通过极其简单的技术创新赚取数百万甚至数十亿美元。对于那些有幸赚取数百万甚至数十亿美元的人来说，我想这样的想法一定是难以避免的。

在春风得意的时候，人们很容易错误地相信自己的决策具有优越性，相信数字技术的力量，并不会认为自己的成功靠的是运气。在硅谷，每平方千米百万富翁和亿万富翁的数量比地球上其他任何地方都多，因此在硅谷突出地存在着技术乐观主义确认偏差问题。

生物医学公司 Theranos 的创始人伊丽莎白·霍尔姆斯（Elizabeth Holmes）受到史蒂夫·乔布斯（Steve Jobs）的启发而创业，最后悲惨落幕。这是一个很好的例子，显示了硅谷里的人不顾一切，只愿意听到自己想听到的东西。在该公司 15 年的历史中，早期就有很多证据表明事情不太对劲。

“爱迪生”（Edison）是该公司发明的革命性的血液检测设备，只需要几滴血就能检测出疾病，它将霍尔姆斯推上了《福布斯》(*Forbes*)和《财富》(*Fortune*)杂志的头版。我们所有人都希望这项发明是真实不虚的。毕竟，谁会喜欢被抽血呢?在这个梦想的支持下，该公司从风险基金和私人投资者那里筹集了超过 7 亿美元的资金。

Theranos 声称“爱迪生”只需要正常验血所需血液量的千分之一。事实上，真正的千分之一是该公司的年收入即新闻稿中写的一亿美元的千分之一。“爱迪生”从未实际工作过。事实上，目前还不清楚它是否能像声称的那样在不违反物理定律的情况下工作。

尽管如此，Theranos 很快就成为硅谷最受关注的“独角兽”企业之一，这意味着它成为一家估值超过 10 亿美元的私人公司。在 2015 年的高峰期，Theranos 的估值约为 100 亿美元。霍尔姆斯曾短暂地成为世界上最年轻的女性自主创业亿万富翁，也是美国最富有的女性之一。如今，霍尔姆斯因被裁定犯有 4 项欺诈罪而走下了神坛。Theranos 可以说是历史上最大的生物医学欺诈案。这个纸牌屋为什么没有早点儿倒塌呢?

Theranos 的董事会包括许多精通政治的人，例如美国行政管理和预算局前主任乔治·舒尔茨(George Schultz)、前国防部长詹姆斯·马蒂斯(James Mattis)、非常有影响力的参议院军事委员会前主席山姆·纳恩(Sam Nunn)参议员，以及前国务卿亨利·基辛格(Henry Kissinger)。大家可能觉得像这样有经验的政客不容易上当受骗，但他们的确是上当了。

Theranos 的投资者包括传奇风险投资公司德丰杰风险投资公司(Draper Fisher Jurvetson)的蒂姆·德雷珀(Tim Draper)、

沃尔顿家族和媒体大亨鲁伯特·默多克（Rupert Murdoch）。德丰杰风险投资公司有许多成功的投资案例，如特斯拉、太空探索技术公司（SpaceX）和推特，而沃尔顿家族则是美国最富有的家族。大家会认为，像这样有经验的投资者是不会投资诈骗项目的，但他们的确投资了。

最令人惊讶的可能是，Theranos 的医学顾问委员会成员包括美国临床化学协会的前主席以及美国顶尖的公共卫生机构美国疾病控制与预防中心的前主任。虽然董事会成员会应邀审查公司的专利技术，并对其与临床实践的整合提出建议。但他们未能及时发出警告以避免这一丑闻。

在硅谷这样的地方，人们很容易相信梦想，从而忽略反对的意见。技术将解决你面临的任何挑战。在此过程中，技术将使许多人赚取数百万美元，在某些情况下甚至是数十亿美元。因此，许多发起人工智能项目的人都具有这种非常危险的心态。

2.9 田德隆区

在旧金山市中心，构建人工智能未来的众多年轻程序员经过露宿街头的无家可归者。与此形成鲜明对比的可能是靠近联合广场（Union Square）的田德隆区（Tenderloin），它是旧金山市中心以脏乱差著称的街区。

旧金山有大约 7 000 名无家可归者，在美国所有城市中，无家可归者人均占比排名第三。联合国特别报告员莱拉尼·法哈（Leilani Farha）将其与孟买相提并论。在硅谷南部，也有差不多数量的无家可归者。每天晚上，进入旧金山流浪者收容中心的申请名单中都有 1 200 多人。

整个城市的房地产繁荣加剧了这场住房危机，部分原因是科技公司支付的高薪以及这里许多公司频繁地进行首次公开募股（IPO）。旧金山现在的平均房价超过 140 万美元，是美国所有城市中最昂贵的。旧金山的房屋在出售前在市场的停留周期仅仅是 16 天，在过去的 20 年里，房价上涨了两倍多。

另一方面，平均工资并没有随之增长。事实上，人们的工资几乎没有跟上通货膨胀的步伐。因此，自然而然的是，对于旧金山的许多人来说，买房是遥不可及的梦想。租房也好不了多少。旧金山一居室公寓每月的中位租金超过了 3 700 美元，是美国所有城市中最高的。这个租金中位数比纽约市几乎高出 1 000 美元。

那么，如何解决旧金山可怕的无家可归问题呢？“田德隆编程”（Code Tenderloin）是一家总部位于旧金山的非营利组织，它通过为无家可归者提供编程技能指导来解决这个问题。他们提供为期 6 周 / 72 小时的课程，利用当地科技公司的软件开发人员充当课程讲师，教授 JavaScript 的基础知识。

此外，世界上许多国家发现，可以用一种更简单、更直接的方法来解决无家可归的问题：建造更多的保障性住房。是的，就是这么简单——只需要让住房更容易获得。例如，芬兰是欧洲唯一能够让无家可归者数量不断减少的国家。只要无家可归者需要，政府会无条件提供住所。政府支持处理流浪者常见的心理健康、吸毒和其他问题。

提供住所是一种简单而有效的解决方案，可以解决无家可归问题。我们希望将此方案与技术爱好者提供的方法进行对比，他们认为解决无家可归问题的方法是教人们学习 JavaScript。

2.10 梅文计划

现在，我想大家有理由担心构建人工智能未来的开发者。尽管我提出了担忧，但前景并不一定是悲观黯淡的。我们依然可以保持乐观的心态。许多人工智能的从业人员渐渐意识到自己的重大道德责任。的确，这本书就是我自我觉醒的一小部分。

人工智能研究领域道德意识逐渐觉醒的一个最明显的例子可能就是谷歌参与梅文计划（Project Maven）所遇到的阻力。这是五角大楼一个颇具争议性的项目，从 2017 年 4 月开始，该项目开发出机器学习算法，对视频图像中的人和物体进行识别。军事情报分析人员要面对无人机和卫星收集的海量图像。人工智能可以帮助他们驯服这样的数据洪流吗？

在解读此类图像时，让人工智能协助人类分析师并没有什么错。事实上，有一些伦理观点认为，计算机视觉算法可能有助于防止一些错误。

这个想法的问题在于，同样的计算机视觉算法可用于无人机对目标采取完全自动化的识别和选择，将目前的半自动平台变成全自动武器。事实上，在 2020 年年初，土耳其开始在其与叙利亚的边境部署无人机，据说，这些无人机使用面部识别软件进行识别、追踪并击毙地面上的人类目标，所有这些都无需人工干预。这种无人机在道德上有很多值得关注的地方。

谷歌公司涉足军事研究让许多员工感到担忧，这是可以理解的，特别是考虑到该项目的不公开性。多年来，谷歌的座右铭是“不作恶”。如果开发出软件，最终导致研发出全自动无人机，可能会挑战它的这个座右铭。包括数十名高级工程师在内的4 000多名谷歌员工签署了一份请愿书，抗议谷歌公司参与该项目。至少有十几名员工辞职。谷歌回应称，它不会继续参与梅文计划。在2019年，谷歌的确选择不再与国防部续签合同。

这一争议促使谷歌更加认真地对待公众对其人工智能开发和部署日益增长的担忧。2018年6月，谷歌发布了使用人工智能的指导原则。9个月后，也就是2019年3月，谷歌宣布成立人工智能和道德委员会。然而，围绕其成员资格的冲突导致董事会在一周后被解散。2020年8月，谷歌宣布将开始向其他希望使用人工智能的公司提供收费伦理咨询服务。

至于梅文计划：彼得·泰尔（Peter Thiel）备受争议的人工智能软件开发公司帕兰提尔科技（Palantir Technologies）获得机会，与美国国防部签订了价值1.11亿美元的合同。这将我们带入下一章，接下来，我将要讨论的不是人工智能的开发者，而是人工智能的研发公司。

第 3 章

开发公司

CHAPTER 3

3.1 新的巨人

引领人工智能革命的公司往往都不会循规蹈矩地遵守一般性的公司规则。这造成了一些基本问题，通常是伦理问题，而且这种情况将继续存在。

在过去，许多科学革命诞生于大学和政府实验室。例如，1928 年亚历山大·弗莱明爵士（Sir Alexander Fleming）在伦敦大学圣玛丽医学院发现了青霉素。这是一个偶然的发现，但是，随之而来的医学革命无疑改变了整个世界。

第二个例子，1953 年，詹姆斯·沃森（James Watson）和弗朗西斯·克里克（Francis Crick）在剑桥大学利用伦敦国王学院莫里斯·威尔金斯（Maurice Wilkins）和罗莎琳德·富兰克林（Rosalind Franklin）收集的数据发现了脱氧核糖核酸（DNA）的双螺旋结构。这是解开生命奥秘的重要一步。随之而来的基因革命现在正在改变我们的生活。

与本书的主旨最相关的例子可能是，1945 年，第一台通用数字计算机在宾夕法尼亚大学摩尔电气工程学院建造。这个庞然大物重 30 吨，包含 18 000 个真空管、7 000 多个晶体二极管、1 500 个继电器和 10 000 个电容器，耗电量为 150 千瓦。但是，它比以前的电子机械计算器快 1 000 倍。随之而来的计算革命无疑给我们的生活带来了翻天覆地的变化。

虽然人工智能也于20世纪60年代在麻省理工学院、斯坦福大学和爱丁堡等大学起步，但今天大部分人工智能革命的推动者是谷歌、脸书、亚马逊和IBM等科技公司，以及帕兰提尔、OpenAI和Vicarious等科技新贵。这些公司拥有的计算能力和数据集和工程团队能够促成大量的技术突破，让我这样的许多学术研究人员羡慕不已。

这些公司中的佼佼者被统称为"科技巨头"（Big Tech）。但是，称之为"巨头"，并不是因为它们雇用了很多人。事实上，以每百万美元的营业额计算，其他行业的公司雇用的人数比它们大概多100倍。例如，麦当劳每百万美元营业额的员工人数比脸书多120多倍。

科技巨头之所以被称为"巨头"，其惊人的市值是其中的原因之一。它们的股价真的令人惊叹，这是世界前所未见的财富集中现象。人类历史上第一家价值万亿美元的公司是苹果。苹果的市值在2018年8月突破了万亿美元。两年后，苹果的价值翻了一番。苹果现在的价值超过了富时100指数（FTSE 100 Index）的全部公司——在英国股市上市的100家最有价值的公司。

自从苹果成为一家市值万亿美元的公司后，其他3家科技公司也跻身万亿俱乐部的行列，它们是亚马逊、微软和Alphabet（谷歌的母公司）。脸书可能很快就会加入这些价值万亿美元的资本之列。这些公司的巨大财富赋予了它们巨大的权力和影响力。世界各国政府都在努力遏制它们。2019年，亚马逊的营业额超过 2 800 亿美元。这比许多小型国家的 GDP 还要多。例如，苹果的营业额超过了葡萄牙的 GDP（2020 年为 2 310 亿美元），比希腊的 GDP（1 890 亿美元）高出近 50%。巨大的营业额让亚马逊 100 万员工的生产力与芬兰 500 万人口的生产力不相上下，芬兰在 2020 年创造了 2 710 亿美元的财富。

这些科技巨头主导着相应的市场。全世界每 9 个搜索查询中，有 8 个是由谷歌完成的。其他科技巨头也在自己的领域占主导地位。全世界大约有 80 亿人口，其中有 20 亿人使用脸书。在美国，亚马逊负责全世界大约一半的电子商务。在中国，阿里巴巴的支付平台支付宝大约主导了一半的在线交易。

毫不意外地，科技公司（无论大小）的创始人像摇滚明星一样受到吹捧。其中，很多人的名字为我们所熟知：比尔·盖茨和保罗·艾伦（Bill and Paul）、拉里·佩奇和谢尔盖·布林（Larry and Sergey）、马克·贝索斯和杰夫·贝索斯（Mark and Jeff）。但他们是现代的强盗权贵，如同梅隆（Mellon）、卡内基（Carnegie）和洛克菲勒（Rockefeller）是当时技术革命的领导者。

其中许多科技公司的创始人拥有巨大的权力，这远远超出了其他领域首席执行官通常拥有的权力。在某种程度上，这是值得鼓励的。这促进了创新，并让科技公司能够快速行动。但在快速前进的过程中，很多东西都被打破了。

导致这种权力的原因之一是科技公司不同常规的股权结构。即使创始人放弃了公司的多数股权，他们中的许多人仍保留了绝对或近乎绝对的决策权。他们可以轻松地抵抗任何阻力。

例如，脸书 B 类股票的投票权是 A 类股票的 10 倍。马克·扎克伯格拥有脸书 75% 的 B 类股票。因此，对于其他股东要求脸书进行改革的呼吁，他可以完全无视。作为创始人，扎克伯格既是脸书的首席执行官，又是董事会主席，让人难以理解的是，美国证券交易委员会对此丝毫没有意见。

最令人震惊的可能是 2017 年 3 月色拉布（Snapchat）背后的公司 Snap Inc. 在纽约证券交易所上市。此次 IPO 向公众出售了完全没有投票权的股票。尽管如此，IPO 还是筹集了 5 亿美元。该股首日收盘上涨 44%。美国证券交易委员会是怎么想的？上市公司高管从对股东负责转变为只对自己负责，完全无视其他人，这是如何发生的？投资者为什么会对这种现象漠不关心？

3.2 没有冒险就不会成功

科技公司如此强大的另一个原因是市场并不期望它们赢利。例如，优步、Snapchat 和声田（Spotify）等独角兽公司从未赢利。即使是那些赢利的公司，预计也不会给投资者太多的回报。这很讽刺，因为与许多传统公司相比，它们更有能力向股东分红。

大多数科技巨头公司都坐拥巨额现金。据估计，美国公司有超过 1 万亿美元的利润在离岸账户中，等待减税优惠的时候将其带回国。苹果是最严重的违规者之一，其囤积的离岸资金约有 2 500 亿美元。但至少它支付了少量现金股息，给股东带来了大约 1% 的收益率。亚马逊坐拥 860 亿美元现金，年利润 330 亿美元，却从未以股息的形式回报投资者。

即使是那些未能实现赢利的科技公司，也可以毫不费力地从投资者那里筹集到数十亿美元。例如，优步在2019年上市时获得了超过200亿美元的资金；同年有140亿美元的收入，但每营收4美元就亏损1美元。事实上，我不清楚优步能否赢利。

科技公司内部的典型观点是，为了增长和获得市场份额而进行投资，而不是在短期内赢利。这种不惜一切代价实现增长的策略不无道理——亚马逊已经证明了这种策略的长期价值。但是对于采取亚马逊策略的其他公司来说，其中总有一些终将因为管理不善——例如Pets.com就是互联网泡沫破灭的典型代表——从而不具有持续性。

问题的原因在于科技公司可以轻松地筹集到资金。风险投资扭曲了市场。为什么司机们没有联合起来，组成合作社来与优步进行竞争？理想情况下，我们应该使用技术将司机与乘客无缝连接起来，创造一个无摩擦市场。这就是优步商业模式的亮点。但归根结底，在很大程度上，优步是在司机和乘客之间进行征税。优步正在窃取该体系的大部分价值。优步司机收入太少，不得不睡在车里，他们肯定没有从市场中获得足够的价值。数字技术旨在消除市场摩擦。从长远来看，共享出行市场的最终赢家既不是乘客也不是司机，而只是财大气粗的风险投资基金。

司机合作社无法与优步这种不需要赚钱的企业竞争，当然也不会反对像优步这样甚至不需要收支平衡的企业。这些企业很乐意年复一年地亏损，直到其竞争对手被赶出市场。

这些因素使科技公司成为开发和部署人工智能的惊人力量。

充斥着廉价资金，缺乏透明性和问责制，颠覆市场的设计，并由拥有近乎绝对权力、特立独行的创始人驱动，很难想出比这更危险的组合了。

3.3 超级智能

关于人工智能，有一个不算迫切的担忧，那就是超级智能的出现所带来的威胁。据我所知，对于未来将出现的超级智能机器，我的大多数同事和其他人工智能研究人员并不十分担心。但这种可能性已经折磨了人工智能领域之外的许多人——比如哲学家尼克·博斯特罗姆。

博斯特罗姆的担忧之一是，超级智能会对人类的继续存在构成生存威胁。例如，如果我们制造一台超级智能机器，让它制作回形针，它会不会利用它的“超强”智力来接管地球，把包括我们在内的一切都变成回形针？

这就是所谓的“价值对齐问题”（value alignment problem）。这台超级智能回形针制造机的价值观与人类价值观并不一致。我们很难准确地说出我们希望超级智能做什么。假设我们要消灭癌症，超级智能可能会说：“这很简单，我只需要处理掉所有的癌症宿主。”所以它会开始消灭所有生物！

对某些非人类的超级智能，我并不会有生存恐惧，原因之一是，在地球上，我们已经拥有非人类的超级智能。我们已经拥有一种比我们任何人都更智能的机器。它拥有比任何人都要多的权力和资源。人们称之为公司。

公司调度员工的集体智慧去做个人无法完成的事情。没有任何人可以独立设计和制造现代微型处理器，但英特尔（Intel）可以。任何人都不能凭借一己之力设计和建造核电站，但通用电气（General Electric）可以。

可能没有任何人能够靠自己的力量开发出通用人工智能——一种相当于甚至超过人类智能的智能机器。但是，一家公司很有可能在未来的某个时候能够实现它。事实上，正如我所说，公司已经是超级智能的一种形式。

这恰好让我回到了价值对齐的问题。对于这些超级智能公司，这似乎正是我们今天面临的主要问题之一。他们的组成部分——员工、董事会、股东——可能是聪明、善良、有责任感的人。但是，他们组合起来，形成的超级智能所产生的行为可能不合乎道德、不负责任。那么，我们如何确保企业价值观与公共利益相一致呢？

3.4 气候紧急状况

如果大家不介意的话，我将岔开话题，谈一谈气候紧急状况。这可能是一个最明显的例子，证明公司的价值观会与公共利益不一致。然而，积极的一面是，有一些证据表明，近年来这些企业的价值观开始向公共利益靠拢。

一个多世纪前的1899年，瑞典气象学家尼尔斯·埃科赫姆（Nils Ekholm）提出，燃煤最终会使大气中二氧化碳的浓度增加一倍，而这“无疑会导致地球平均温度明显升高”。那时，人们主要恐惧的是地球将进入新的冰河时期。因此，这种温度升高被认为是有利的：可以阻止冰河时期的到来。

然而，到了20世纪70年代和80年代，气候变化已成为科学界严重关切的主题。这些担忧最终导致联合国于1988年成立了政府间气候变化专门委员会（Intergovernmental Panel on Climate Change，IPCC）。IPCC的成立旨在以科学的立场应对气候变化及其政治和经济影响。

与此同时，埃克森（Exxon）和壳牌（Shell）等石油公司也在研究气候变化。1977年7月，埃克森公司的一位资深科学家詹姆斯·布莱克（James Black）向公司高管报告说，科学界普遍认为燃烧化石燃料是导致全球气候变化的最可能原因。5年后，埃克森环境事务项目经理M.B.格拉泽（M.B. Glaser）向管理层发送了一份内部报告，估计到2090年，化石燃料和森林砍伐将使地球大气中的二氧化碳浓度增加一倍。事实上，地球大气中的二氧化碳浓度已经大概增加了50%。当前最乐观的估计是在2060年（甚至更早）会翻一番。

格拉泽的报告表明，当前二氧化碳浓度翻倍“可能会使全球平均温度升高约1.3摄氏度至3.1摄氏度”“可能会产生相当大的不利影响，包括由于南极冰盖融化导致的海平面上升”“缓解‘温室效应’将需要大量减少化石燃料的燃烧”。

尽管有这些警告，埃克森公司还是在随后的几十年里为否认气候变化投入了大量资源。例如，埃克森公司是全球气候联盟的创始成员之一，该联盟由反对管制温室气体排放的企业组成。此外，埃克森公司向否认气候变化的组织提供了超过2 000

万美元的资金。

直到2007年，埃克森美孚（ExxonMobil，埃克森公司合并其他公司之后的新名称）才公开承认气候变化的风险。该公司负责公共事务的副总裁肯尼斯·科恩（Kenneth Cohen）告诉《华尔街日报》（*Wall Street Journal*）："我们现在已经足够了解——或者，社会现在已经足够了解——风险很严重，应该采取行动。"然而，再过7年之后，埃克森美孚才发布了一份报告，首次承认气候变化的风险。

显然，埃克森美孚的价值观与公众的价值观不一致。但有一些证据表明，企业价值观正开始朝着有利于公众的方向转变。例如，埃克森美孚在绿色技术上投资了约1亿美元。该公司现在支持从税收中性原则出发，制定合理的碳税制度，并游说美国留在巴黎气候协定中。

许多其他公司也开始对气候变化采取行动。2020年2月，石油和天然气巨头英国石油公司（BP）承诺到2050年或之前实现碳中和。同期，澳大利亚第二大金属和矿业公司力拓（Rio Tinto）宣布将斥资10亿美元，在2050年实现净零排放。

2020年7月，澳大利亚最大的能源供应商和该国最大的碳排放企业AGL能源（AGL Energy）宣布到2050年实现净零排放的目标。该公司甚至将高管的长期奖金与该目标挂钩。2020年9月，全球最大的矿业公司必和必拓（BHP）加入了净零排放的行列，计划到2050年实现净零排放。虽然政治家们总体上未能以足够的紧迫性对气候紧急状况采取行动，但值得欣慰的是，许多公司最终准备带头采取行动。

事实上，企业采取行动很关键。自 1988 年联合国政府间气候变化专门委员会（IPCC）成立以来，对全球 71% 的温室气体排放负有主要责任的 100 家公司中，埃克森美孚排放的污染量排名第五，仅仅是它的排放量就占全球总排放量的 2%。我们可以做出个人改变，以减少我们的碳足迹，但如果这 100 家公司不采取更负责任的行动，个人的努力将无足轻重。

3.5 不端行为

让我们回到科技领域。有大量证据表明，就像对大部分温室气体排放负有主要责任的那 100 家公司一样，科技公司存在着价值对齐问题。对此可以写一本书，详述科技公司没有尽到优秀企业的责任。我将举几个事例，但几乎每天都有新的事例出现。

让我们从脸书的新闻推送算法（newsfeed algorithm）开始。这是一个多层面价值对齐问题的例子。在软件层面，它的算法显然与公共利益不一致。脸书想做的是最大限度地提高用户参与度。当然，用户参与度很难量化，因此脸书决定最大限度地提高点击量。这引发了许多问题——过滤气泡（Filter bubbles）、虚假新闻、标题党（Clickbait）、政治极端主义甚至是种族灭绝。

脸书的新闻推送算法也是一个例子，反映了企业层面上的价值对齐问题。脸书怎么会把点击量设定为总体目标？2020 年 9 月，时任脸书“货币化总监”的蒂姆·肯德尔（Tim Kendall，

2006年至2010年在任）告诉国会（专门）委员会：

我们竭尽全力发掘人们的注意力……我们从烟草巨头那里学会了一招，努力让我们的产品从一开始就让人上瘾……我们最初将参与度作为用户利益的某种指标。但我们也开始意识到，参与度也可能意味着用户被深深吸引，以至于他们无法为自己的长远利益做出最佳的考量，无法离开这个平台……我们开始发现现实生活中的后果，但并没有给予太多重视。参与度总能获胜，取得压倒性胜利。

2018年，面对种种证据，脸书渐渐无法忽视新闻推送算法的有害影响，马克·扎克伯格宣布了一项重大改革：新闻推送将要强调“有意义的社会互动”，而不是“相关内容”。这些变化使用户亲朋好友制作的内容优先于“公共内容”，例如视频、照片或企业和媒体机构分享的帖文。

在其他一些领域，脸书的企业价值观也可以说与公共利益背道而驰。例如，2016年10月，调查性新闻机构ProPublica以《脸书让广告商根据种族排除用户》为标题发表了一篇报道。这篇报道揭露了脸书如何利用微观锁定工具，根据用户的种族和其他分类，让广告商进行精准的广告投放。

美国联邦法律禁止基于种族、性别或其他受保护特征，发布对他人进行歧视的住房或就业广告。1968年的《公平住房法》（*Fair Housing Act*）禁止发布“基于种族、肤色、宗教、性别、残疾、家庭状况或民族”的歧视性广告。1964 年的《民权法案》（*Civil Rights Act*）禁止发布“基于种族、肤色、宗教、性别和民族”的歧视性招聘广告。

尽管 ProPublica 的报道引起了人们对脸书的强烈抗议，但脸书继续让广告商按种族投放广告。一年后的 2017 年 11 月，ProPublica 发布了题为《脸书（仍然）让住房广告商按种族排除用户》的报道。事情并没有什么改变。作为一个计算机程序员，我无法相信，从脸书的代码中删除一些销售广告的函数需要几年时间。脸书拥有 45 000 名员工，完全可以解决这个问题。我只能下结论说，脸书根本不重视这件事。而且，监管机构也没有敦促它重视。

我可以介绍其他许多科技公司，它们表现出的价值观与公共利益并不一致。以谷歌拥有的油管（YouTube）为例。2019 年，谷歌因油管侵犯儿童隐私而被美国联邦贸易委员会（FTC）和纽约州司法部长罚款 1.7 亿美元。1998 年的《儿童在线隐私保护法》（*COPPA*）对 13 岁以下的儿童进行保护，这意味着任何公司在收集有关儿童的任何信息之前，必须征得其父母的同意。

谷歌明知故犯，收集油管儿童观众的信息，从而违反了《儿童在线隐私保护法》。油管的儿童频道有 500 多万订阅者，我们可以猜测，其中大多数是儿童。而油管的“小猪佩奇”频道有 1 890 万订阅者，大多数也可能是儿童。谷歌收集这些用户的信息是为了让他们在油管停留更长的时间，从而销售广告。

谷歌向美泰（Mattel）和孩之宝（Hasbro）等玩具公司吹嘘

说:“根据投票显示，人们一致认为油管是2～12岁儿童最喜爱的网站”，而且“有93%的青少年访问油管观看视频”。谷歌甚至告诉一些广告商，他们不必遵守《儿童在线隐私保护法》，因为“油管没有13岁以下的浏览者”。油管的服务条款确实要求年满12岁的人才能使用其服务。但任何有孩子的人都知道，谷歌声称油管没有儿童浏览者根本就是一派胡言。

1.7亿美元的罚款是美国联邦贸易委员会迄今为止对谷歌开出的最大罚单。然而，较之于2019年，为了回应围绕剑桥分析公司的隐私侵犯行为，美国联邦贸易委员会对脸书开出的50亿美元罚单，这只是一个很小的金额。这可以与谷歌涉及安卓软件相关的反垄断违规行为，欧盟对其开出的50亿美元罚单相提并论。

美国联邦贸易委员会对谷歌提起的诉讼并不是油管事件的终结。2020年9月，英国法院提起了一项新诉讼，声称油管故意违反了英国的儿童隐私法，从而提出超过30亿美元的伤害赔偿。大家可能想知道，到底需要多大的罚单，才能引起这些科技巨头的重视?

3.6 企业价值观

科技公司通常有相当“古怪”的价值观。其中一些是为了营销。但我们也能从中知道他们的目标，以及他们打算如何追求这些目标。

保罗·布切海特（Paul Buchheit）——Gmail的首席开发人

员、谷歌第 23 号员工——提出了谷歌早期的座右铭“不作恶”。在 2007 年的一次采访中，他郑重其事地暗示，这个座右铭是“对其他许多公司的一种抨击，尤其是我们的竞争对手，在我们看来，他们在某种程度上有点剥削用户”。他还声称他“希望这个座右铭，一旦被放在那里，就很难被拿走”。

至少他的这部分预言成真了：“不作恶”现在仍然是谷歌的行为准则，但仅仅是放在那里而已。2018 年，在谷歌相当冗长而杂乱无章的行为准则中，“不作恶”已经从开头移到了第 17 页（也是最后一页）的末尾。

脸书的座右铭可能更令人不安：“快速行动，打破常规”（Move fast and break things）。幸运的是，脸书意识到过于频繁地打破常规可能会带来问题，因此其在 2014 年将座右铭改为“通过稳定的基础设施快速行动”（Move fast with stable infrastructure）。这没有之前那么亮眼，但它确实暗示了更多的责任。这是值得鼓励的，因为在脸书的大部分企业历程中，快速行动和打破常规似乎是其运营陷入困境的很好总结。

亚马逊的使命宣言也是发人深省的：“我们努力为客户提供尽可能低的价格、最好的选择和最大的便利。成为全球最以客户为中心的公司，在这里，人们可以发现并找到他们想从网上购买的一切。”亚马逊显然非常关注其客户。因此，新闻报道经常揭露其配送中心的工人待遇非常差，或者供应商如何被其打压，这也就不足为奇了。

微软的使命是：“赋能全球每个人、每个机构，使之成就不凡”，但是其域名注册和虚拟主机站点 GoDaddy 的宣言则更为直接："我们在这里帮助我们的客户炫酷起来。"显然，我们需要解决科技巨头的价值对齐问题。

3.7 谷歌的准则

在围绕梅文计划的争议之后，谷歌制定了七项人工智能使用的指导原则。这些原则于2018年6月公布。

我们认为人工智能应该：

1. 对社会有益。
2. 避免制造或者加深不公平的偏见。
3. 保障开发和测试的安全性。
4. 对人类负责。
5. 采取隐私保护设计原则。
6. 坚持高标准的技术品格。
7. 提供并保障上述原则的可操作性。

除了上述原则，谷歌还承诺不会"在以下应用领域设计或部署人工智能"：

1. 造成或可能造成整体伤害的技术。
2. 其主要目的或实施方式造成或直接导致伤害人类的武器或其他技术。
3. 违反国际公认准则，收集或使用信息进行监视的技术。

4. 其目的违反公认的国际法律和人权原则的技术。

最后一项承诺似乎完全没有必要。违反国际法律的行为已经被美国法律明令禁止。事实上，这些道德原则需要这样明确地讲出来，这一点令人担忧。制造不公平的偏见，构建不安全的技术或缺乏问责制，对用户造成伤害，损害人权——任何企业首先都不应该做这些事。

即使谷歌的人工智能原则表面上听起来不错，但仍然存在一些重大问题。特别是，谁来监管谷歌？我们怎么能确定他们会这样做呢？在人工智能原则首次发布9个月后的2019年3月，谷歌成立了先进技术外部咨询委员会（ATEAC），以考虑其人工智能原则带来的复杂挑战。该委员会有8名成员，计划每年召开4次会议，审议有关面部识别、机器学习算法的公平性以及人工智能在军事应用中的使用等伦理问题。

然而，谷歌内部和外部都立即对这个人工智能伦理委员会提出了强烈的抗议。8名委员会成员之一是传统基金会（Heritage Foundation）主席凯·科尔斯·詹姆斯（Kay Coles James）。传统基金会是一家保守派智囊团，与当时的总统唐纳德·特朗普关系密切。数千名谷歌员工签署了一份请愿书，要求将科尔斯·詹姆斯撤职，因为其曾发表“反跨性别、反LGBTQ和反移民”的言论。

该委员会成员之一，卡内基梅隆大学信息技术和公共政策教授亚历山德罗·阿奎斯蒂（Alessandro Acquisti）迅速辞职，他在推特上写道：“虽然我致力于研究如何在人工智能中处理公平、权利和包容等关键伦理问题，但我认为这不是我从事这项重要工作的合适平台。”

另一名委员会成员在推特上写道：“信不信由你，我知道委员会的另外一名成员更糟糕。”这并不是对科尔斯·詹姆斯表示支持。事实上，这更像是对委员会另一位（未具名）成员的控诉。

在宣布外部咨询委员会成立一周，第二名董事会成员辞职后，谷歌接受了不可避免的事实。它关闭了该委员会，并承诺重新考虑如何监管人工智能原则的实施。2022 年 2 月，在我撰写本书时，谷歌尚未宣布任何替代方案。

3.8 IBM 的思路

大约在谷歌努力制定其人工智能原则的同时，IBM 也提出了利用人工智能的指导方针。IBM 既为自己提出了这些原则，也为其他行业提供了解决人工智能和伦理问题的路线图。

IBM 信任和透明原则

1. 人工智能的目的是增强人类智能。
2. 数据和洞察力属于它们的创造者。
3. 包括人工智能系统在内的新技术，必须透明且能被解释。

遗憾的是，这三项原则似乎都考虑不周。IBM 在决定这些人工智能原则的时候，会议安排的时间似乎不够长，工作做得不到位。我们依次来审视一下每个原则。

没错，人工智能可以增强人类的智能。人工智能可以帮助国际象棋选手、放射科医生或作曲家变得更优秀。但增强人类智能从来就不是人工智能的唯一目的。在许多地方，我们实际上希望人工智能能够完全取代人类智能。例如，我们不希望人类从事诸如扫雷这样危险的工作，因为我们可以让机器人来做这件事。此外，我们不希望人类的智能浪费在枯燥的工作上，比如在仓库里挑选物品。我们完全可以让人工智能帮助我们完成这些事情。

还有一些地方，我们希望人工智能不是增强人类智能，而是采取与人类智能完全不同的方式。超越人类智能的最佳方式可能不是试图扩展我们能做的事情，而是以全新的方式去做事情。飞机并不是在增强鸟类的自然飞行方式，而是以一种完全不同的方式在空中运动。

我们已经开发出许多工具和技术，但它们并非对人类智能的“增强”。X 射线检测机器并没有增强我们人类的感官，而是为我们提供了一种全新的方式来观察世界。同样地，人工智能也并非简单地扩展人类的智慧。在许多情况下，人工智能把我们带到全新的地方。因此，说人工智能只是“增强”我们，或者说人工智能永远不会完全取代人类的某些活动，这是一种误导。这种说法，说好听点儿是天真，说难听点儿是虚伪。在我看来，这种拙劣的说辞旨在转移人们的注意力，消除他们对工作将要被取代而产生的忧虑。

主张数据和洞察力属于创造者——IBM 的第二条伦理原

则——在窃取数据和侵犯隐私泛滥的人工智能领域，这似乎是一个新鲜的提法。然而，与知识产权相关的国际法律已经对此作出了明确规定，我们不需要制定任何新的人工智能原则来主张这些权利。同样地，这种拙劣的说辞似乎是想掩饰该行业之前没有尊重数据权利的问题。事实上，声称“数据和洞察力属于它们的创造者”本身就是伦理和法律的雷区。如果这个创造者是人工智能，那该怎么办？IBM，你真的想打开这个潘多拉之盒吗？

最后，IBM 的第三条伦理原则是，人工智能系统必须透明且能被解释。虽然人工智能系统透明和能被解释是个好主意，但在许多情况下，这根本不可能。我们不要忘记，人类的决策往往不是很透明。透明性甚至可能是一件坏事，它可能使坏人能够入侵你。

至于可被解释：我们今天无法让一个计算机视觉系统解释它的算法如何识别一个停车标志。即使是最好的神经生物学家也很难解释人类的眼睛和大脑是如何看到一个停车标志的。我们完全有可能永远无法充分地解释人类或人工视觉的原理。

透明性和可解释性有助于建立信任，但是，正如我将在后面论证的那样，信任还有其他许多组成部分，例如公平性和稳健性。透明性和可解释性是达到目的的一种手段。在这种情况下，这个目的就是信任。但是——这正是 IBM 的错误所在——透明性和可解释性本身并不是目的。

如果一个人工智能系统透明地向你解释，因为你是女性所以无法雇用你，这又有什么意义呢？除非你有钱聘请律师，否则对于这种伤害，你可能无能为力。第三条原则最好是：包括人工智能在内，任何新技术的设计和应用都应该是值得信任的。

3.9 对公司的反思

鉴于对科技公司的种种担忧，以及这些公司在开发和部署人工智能方面步履蹒跚，我们应该反思如何才能让事情变得更好。人们往往容易忘记，公司是一个相对较新的发明，而且在很大程度上是工业革命的产物。大多数上市公司都是近些年成立的。而且在不久的将来，由于技术的革新，许多公司将会被取代。

半个世纪前，标准普尔 500 指数（S&P 500 Index）上的公司持续的时间大约是 60 年。如今该指数上的大多数公司只能维持 20 年左右。据预测，标准普尔 500 指数上现有的四分之三的公司将在 10 年后消失。

同样值得牢记的是，公司是一个完全由人类创造的机构。它的设计在很大程度上是为了使社会能够从技术变革中获利。公司提供了建立新技术所需的规模和协调力。有限责任让董事在不产生个人债务的情况下承担新技术和新市场的风险。风险投资、债券和股票市场使公司能够获得资金，投资于新技术并扩展到新市场。

20 年前，排名世界前五的公司中只有两家是科技公司。工业巨头通用电气是最有价值的上市公司，其次是思科公司（Cisco Systems）、埃克森美孚、辉瑞（Pfizer）和微软（Microsoft）。

今天，据说最有价值的5家上市公司都是数字技术公司：苹果、微软、亚马逊、Alphabet和脸书。紧随其后的是腾讯和阿里巴巴。

那么，也许现在是合适的时机，让我们思考如何重塑公司的理念，以更好地适应正在进行的数字革命。我们如何才能确保企业与公共利益更加一致？我们如何更好地分享创新的成果？

在工业革命时期，还有一项发明是为了满足上述诸多目标。但是，可悲的是，它似乎正在消亡。这就是互助社（mutual society）。不幸的是，互助社存在一些竞争上的劣势。例如，直到最近，互助社除了维持过去的利润外，无法筹集资金。这使它们在与上市公司的竞争中处于严重劣势。

一项新的发明可能从某个层面解决了这个问题：共益公司（benefit corporation）。这是一个目的驱动的营利性企业，为包括股东在内的所有利益相关者创造利益。共益公司不仅考虑股东的利益，还考虑工人、客户、供应商、社区和环境的利益，从而保持目的和利润的平衡。

今天，在70多个国家的150个行业中有3 300多家经过认证的共益公司。像冰激凌制造商本杰瑞（Ben & Jerry's）和户外服装公司巴塔哥尼亚（Patagonia）这样家喻户晓的品牌都是经过认证的共益公司。但据我所知，目前只有一家共益公司专注于人工智能。

柠檬水保险公司（Lemonade）是一家营利性共益公司，它正在使用人工智能来颠覆传统的保险业。它为美国的房主、租客和宠物主人提供保险服务。通过年度回馈机制，它将承保利润返还给社区选定的非营利机构。该公司的目标是通过在社区的善举让自己的业务顺利开展。

柠檬水保险公司使用人工智能聊天机器人和机器学习来增强并自动化大部分的客户体验。投保仅需 90 秒，许多理赔的支付仅需 3 分钟。根据他们的营销宣传，该公司深受客户的喜爱。也许我们需要更多这样能够负责任地开发人工智能并回馈社会的共益公司。

还有一个备受瞩目的非营利组织，也是为了负责任地开发人工智能而成立的——OpenAI。OpenAI 由伊隆 · 马斯克和其他一些投资者于 2015 年年底在旧金山创立。他们集体承诺向 OpenAI 投资 10 亿美元，确保人工智能造福全人类。2019 年，微软追加了 10 亿美元的投资。但与此同时，OpenAI 不再是一家非营利公司。

2020 年 5 月，OpenAI 发布了世界上最大的神经网络——一个包含 1 750 亿参数的语言神经网络，并称之为 GPT-3。许多人工智能专家被 GPT-3 生成故事、创作诗歌乃至生成简单计算机代码的能力所震撼。3 个月后，也就是 2020 年 9 月，OpenAI 宣布已将 GPT-3 独家授权给微软。

我依然在观望，等待 OpenAI 宣布改名为 ClosedAI，因为 OpenAI 已经不能确保实现通过人工智能造福全人类的目标。同时，我们一直在忧虑人工智能开发公司以及开发者的伦理问题。

到目前为止，我重点介绍的是人工智能的开发者和公司，因为他们将自身的目标和愿望投射在今天正在创造的人工智能身上。接下来，围绕人工智能的开发和部署，我将讨论一些紧迫的伦理问题。

第 4 章

自主性

CHAPTER 4

4.1 新的挑战

我现在要介绍的可能是人工智能唯一与众不同的属性，这就是自主性。在某种程度上，我们正赋予机器独立自主的能力，让它在我们的世界中行动。而这些行动会对人类产生影响。毫不奇怪，自主性引发了许多有趣的伦理挑战。

新技术往往会带来伦理挑战。大家可能会说，自主权是人工智能带来的一个新的伦理挑战。人工智能引发的其他所有挑战，例如偏见或侵犯隐私，都是我们以前就面临过的。例如，几十年来，我们一直在努力解决种族偏见问题。人工智能可能突显了这个问题，但这是一个老问题。同样地，几十年来，许多国家的政府一直在侵犯人们的个人隐私。人工智能可能把这个问题突显出来了，但它并不是一个新问题。

但是，自主权是一个全新的问题。以前，从来没有出现过可以独立于人类自主做决定的机器。在过去，机器只是按照我们的决定去行动。在某种意义上，以前的机器只是我们的仆人。但我们很快就会拥有一些机器，它们自己就能做出诸多的决定。事实上，特斯拉车主已经拥有了这样一台机器。

这种自主性带来了一些全新而又非常难以处理的伦理问题。谁应该对自主人工智能的行为负责？应该对自主人工智能施加什么限制？如果自主人工智能故意或意外地伤害或杀死了一个人，那该怎么办？

4.2 自动驾驶技术

自动驾驶技术的发展让我们能够看到关于人工智能和伦理问题最详尽的讨论。事实上，自动驾驶汽车就是一个机器人。而且我们制造的许多其他机器人并不能以每小时 150 千米以上的速度行驶。

目前，全球大约有 300 万台机器人在工厂工作，还有 3 000 万台左右在住宅工作。因此，地球上的机器人总数略高于澳大利亚的人口。但机器人的数量很快将超过人类总数，其中许多将是自动驾驶汽车。

汽车看起来可能不像机器人，但它的确就是机器人。机器人是一种能够感知、推理和行动的机器。自动驾驶汽车能够感知道路和道路上的其他物体，并结合汽车的行驶目的地进行推理，然后采取行动，沿着道路行驶并避开障碍物。你只需要坐在车里，告诉它说："带我回家"。汽车将自主地完成剩下的工作。

自动驾驶汽车将对我们的生活产生深远的影响。其中最明显的一点就是增强安全性。世界上每年有 100 万人死于道路交通事故，其中有 1 000 多人来自澳大利亚。仅在澳大利亚，这就是一个价值数十亿美元的问题，因为每起致命事故的处理费用约为 100 万美元，而这还没有包括人道成本（human cost）。

在全球范围内，道路交通事故是十大致死原因之一。在澳大利亚，它是年满周岁人类的主要死亡原因。而且几乎所有道路交通事故的起因都不是机械故障，而是人为失误。如果我们排除人类的参与，汽车驾驶将更加安全。

计算机不会疲劳驾驶，也不会饮酒驾驶。它们不会在开车时发短信，也不会犯其他任何人类所犯的错误。它们会完全专注于驾驶。它们会准确计算停车距离。它们会同时兼顾各个方向。它们将投入大量的计算资源来确保不会发生事故。

在2050年的时候，如果人类回头看2000年，会惊叹于当时的情况。他们会觉得2000年是一个蛮荒时代，人们在开车的时候总是发生事故。通常，我们低估了变化的速度。时光倒流到1950年，悉尼的道路看起来和今天一样：到处都是小汽车、公共汽车和奇怪的电车。但继续回溯到1900年，情况就完全不同了。路上主要是马和马车。在短短50年的时间里，这个世界变得几乎完全不同。

在2050年，我们大多数人都不会开车了。事实上，我们大多数人也不用再开车了。年轻人不需要费心去学开车。人们乘坐着自动驾驶的优步共享车到处旅行，价格将和公共汽车一样便宜。当你我这样的老人去更新驾驶执照的时候，却发现我们已经很久没有开车了。到时候，驾驶将成为人类的历史行为，像算术和阅读地图一样，几乎完全由计算机完成。

2050年的驾驶将很像今天的骑马运动。过去，大多数人都会骑马——事实上，它是当时主要的交通方式之一。如今，骑马只是富人的一种消遣方式。到2050年，驾驶汽车也将是如此。它将成为一种奢侈的爱好，只能在类似于赛马场和旅游区之类的特殊场所进行。

4.3 积极的一面

自动驾驶汽车不仅会使驾驶更安全，还有其他一系列优点。包括老年人在内的许多群体都会从中受益。我父亲最近作出了一个明智的选择，他不再开车了。但是，一旦我们有了自动驾驶汽车，他将重新获得已经丧失的驾驶能力。另一个受益群体是那些残疾人，他们将像普通人一样，获得正常的行动能力。自动驾驶汽车也将使年轻人受益。我期待着不需要再做我女儿的司机——到时候，我会让我们的家庭汽车承担接送她的任务。而且，如果我知道是自动驾驶汽车在深夜将她从派对上送回家，而不是她刚领驾照的朋友开车时，我就不用那么担心了。

在 20 世纪，很少有发明像汽车一样对我们的生活产生如此大的影响。汽车已经塑造了我们城市的景观，也塑造了我们的生活和工作场所。汽车促进我们进行大规模生产，建设多层停车场、交通灯和环岛。汽车在工作日带我们去工作，周末带我们参加休闲活动，假期还会带我们去郊外。

自动驾驶汽车将在很大程度上重新定义现代城市。早上上班和晚上下班的时间不再是一种“浪费”。利用这段时间，我们可以在自动驾驶汽车里整理电子邮件，与同事进行视频会议，甚至补足睡眠。在郊区或乡村居住将变得更有吸引力。这将是一件非常好的事情，因为市中心不断上涨的房价让我们许多人无法承担。

自动驾驶汽车的主要影响显而易见：我们不再需要开车了。但自动驾驶的次要影响可能更加有趣。城市中心成为娱乐场所而非办公场所？汽车成为办公室？我们是否可以停止购买汽车，而只是购买由超级优步自动驾驶汽车提供的共享服务时间？

就个人而言，我讨厌开车。我发现它纯属浪费时间。我迫不及待地想把控制权交给计算机，并拿回在驾驶上浪费的时间。我现在关注的是我何时才能够安全地享受自动驾驶的好处。

4.4 消极的一面

2016年5月，40岁的约书亚·布朗（Joshua Brown）成为第一个死于自动驾驶汽车事故的人。他驾驶的特斯拉 Model S 在佛罗里达州威利斯顿附近的一条高速公路上自主行驶，这时一辆满载蓝莓的18轮货柜车转过了该道路。那是一个春光明媚的中午。

不幸的是，特斯拉上的雷达很可能将货柜车的高侧板与高架标志相混淆。而摄像头很可能将白色货柜车误认为是天空。结果，这辆特斯拉汽车没有识别出货柜车，没有及时刹车，全速驶向约16米长的冷藏货柜。事实上，它的速度超过了限速。这辆特斯拉 Model S 比每小时65英里（1英里≈1.61千米）的道路限速快了每小时9英里。你可能感到惊讶，特斯拉的“自动驾驶”可以把汽车行驶速度设置得远远高于限速。

当两车相撞时，特斯拉汽车从货柜车车头底部穿过，它的挡风玻璃撞向货柜车的底部。特斯拉汽车的顶部被碰撞的冲击力撕裂，然后冲出，撞上一根电线杆。布朗因头部受到创伤当场死亡。

根据许多人的说法，布朗是一名技术爱好者，是新技术的早期使用者。但像我们大多数人一样，他似乎盲目相信这种新技术的能力。一个月前，他驾驶特斯拉在自动驾驶状态下避开与另一辆货车相撞的视频引起了伊隆·马斯克的注意。布朗在推特上欣喜若狂地写道：

> @elonmusk 注意到了我的视频！有了这么多的测试、驾驶，这么多人谈论它，我太幸福了！

布朗在最后 37 分钟的旅程中，双手放在方向盘上的时间只有 25 秒。在发生致命车祸前，自动驾驶系统曾 7 次警告他，要求他将双手放回方向盘。而他 7 次将双手从方向盘上移开。据美联社报道，涉事的货柜车司机称，在车祸发生时，布朗实际上正在观看《哈利·波特》（*Harry Potter*）电影。警方从特斯拉汽车上找到了一台便携式数字光盘（DVD）播放器。

事实上，布朗可能并不是第一位死于自动驾驶汽车事故的人。4 个月前的 2016 年 1 月，23 岁的高雅宁驾驶特斯拉 Model S 在离北京以南 300 英里的高速公路上撞上一辆道路清扫车身亡。然而，因为这次车祸造成了巨大的破坏，特斯拉声称它无法确定该车是否启动自动驾驶系统。此后，又发生了几起涉及自动驾驶汽车的致命事故。

自动驾驶汽车终将导致无辜行人或者骑自行车的人丧命，这样的事情肯定会发生。2016年年底，在一份未来一年的人工智能趋势清单中，我做出了如上的预测。可悲的是，仅仅过了一年多，我的预测就多次得到验证。2018年3月，在亚利桑那州坦佩市，一辆自动驾驶的优步测试车撞死了推着自行车过马路的行人伊莱恩·赫兹伯格（Elaine Herzberg）。

这起致命事故的发生既有技术原因，也有人为因素。优步的自动驾驶系统在撞击前6秒感应到了这位女士，但该系统未能将她识别为行人。在她穿越马路的地方并没有设置人行横道，而为了避免过多的误报，系统被设置为忽略乱穿马路者。系统软件还不断改变对她的分类——她是车辆？一辆自行车？还是未知的物体？——导致汽车无法刹车或转向。

当自动驾驶汽车最终拉响警报，指示优步的安全员进行干预时，安全员只有几分之一秒的时间做出反应。这时候，人为因素才介入了。当警报最终响起，安全员正在用她的手机观看《美国好声音》（*The Voice*），但是为时已晚。她随后被指控犯有杀人罪，等待法院审判。

调查该事故的国家运输安全委员会的调查员们对优步提出了严厉批评。他们认为，亚利桑那州的测试项目缺乏正式的安全计划、全职安全人员和适当的操作程序。就在事故发生的5个月前，优步还将其测试的安全员从每辆车两名减少到一名。

在优步事故发生的当天，在其他道路交通事故中丧生的3 000人——由人类驾驶的汽车导致的——并没有成为全球的新闻头条。其他自动驾驶汽车当天行驶的数千千米的安全里程也没有成为头条。而且，当时优步一位工程师发给优步自动驾驶汽车项目负责人埃里克·迈霍费尔（Eric Meyhofer）的警示报告也没有成为头条。在事故发生前不到一周，该工程师在报告中警告说，优步测试车存在严重的安全问题。“每 15 000 英里就撞击物体的情况不应该发生。”该工程师写道。

只是，2018 年 3 月，优步测试车撞上的不是一个“物体”，它撞上的是赫兹伯格。

4.5 利益攸关

在亚利桑那州发生的优步事故使我意识到自动驾驶汽车在发展中存在的诸多问题。事实上，我之所以意识到存在诸多问题，并不是因为这起致命的事故本身，而是事故消息传出当晚的一件诡异事件。

当时我在出租车上，准备前往悉尼某个电视演播室接受全国晚间新闻关于这次事故的采访，这时我的手机响了。这是一个陌生的电话号码，但我还是接听了，以免错过了该节目制作人的电话。来电者自称是沃尔沃（Volvo）澳大利亚公司的首席执行官。

优步的自动驾驶汽车是依托沃尔沃 XC90 运动型多功能汽车开发出来的。优步采用了沃尔沃的硬件平台并添加了自己的软件。事实上，沃尔沃内部的半自动紧急制动系统能够防止事故的发生，但被优步关掉了。与这个突如其来的电话密切相关的是，2015 年，沃尔沃全球首席执行官汉肯·萨缪尔森

（Håkan Samuelsson）曾宣布，只要其汽车处于自主模式，他的公司就会承担全部责任。

来电者想让我明白，沃尔沃对亚利桑那州的事故不承担任何责任。虽然那是他们的车，但优步改动了软件，所以沃尔沃想让我知道，这完全是优步的责任。

这件事让我印象深刻。沃尔沃是如何知道我即将上电视讨论该事故的？他们是如何得到我的手机号码的？而且，考虑到这是他们的首席执行官，而不是一些随机的公关人员，沃尔沃为什么如此关心这件事？

全球每年约有 7 500 万辆新车售出。这相当于每秒钟售出两辆汽车。每年的销售总额远远超过 10 000 亿美元。二手车大约又是这个数字的两倍。

各大汽车公司都市值不菲。2021 年 8 月，丰田的市值约为 2 300 亿美元，大众的市值为 1 430 亿美元，梅赛德斯－奔驰为 870 亿美元，通用汽车为 700 亿美元，宝马为 590 亿美元，本田大概是 520 亿美元。

然而，一位刚出生的婴儿扰乱了这个拥有 100 年历史的市场，它就是特斯拉。2019 年，特斯拉生产了 367 500 辆汽车，是该公司 2017 年产量的 3 倍。这仍然远远落后于丰田，后者在 2019 年制造了超过 1 000 万辆汽车，约为特斯拉的 30 倍。尽管如此，特斯拉已经是美国十大最有价值的公司之一。2021 年 8 月，特斯拉的市值超过 6 700 亿美元，约为丰田公司市值的 3 倍。事实上，特斯拉的市值约占整个汽车行业的三分之一。

这些公司的竞争并不以占领自动驾驶汽车的市场而终结。

围绕汽车部署的市场竞争也在进行。以优步等共享汽车服务为例，也许优步能够实现赢利的唯一途径是消除业务中最昂贵的部分：坐在驾驶位上的人。这样一来，所有的收入都可以被优步尽收囊中。因此，优步在研发自动驾驶汽车方面处于领先地位。

2021 年 8 月，优步的市值约为 750 亿美元，年收入约为 140 亿美元。此外，还有像来福车（Lyft）这样的竞争对手，其市值约为 150 亿美元，以及中国的共享汽车巨头滴滴，它是一家私人公司，但其市值与优步差不多。

没有人知道在研发和部署自动驾驶汽车的竞赛中谁会是赢家。硅谷的开发者认为这主要是一个软件问题。因此，赢家可能是特斯拉、苹果、优步或 Alphabet 旗下的 Waymo，同样也可能是原有的汽车公司：丰田、沃尔沃和通用汽车。不管谁是赢家，都将获得一块非常有价值的蛋糕。这可能有助于解释我在去接受电视采访的途中为何突然接到沃尔沃澳大利亚公司首席执行官的电话。

4.6 自动驾驶汽车如何行驶

为了理解围绕自动驾驶汽车的一些伦理问题以及其中一些事故的原因，对自动驾驶汽车的实际工作原理稍作了解是有帮助的。现在，我们还不能购买到可以在公共道路上安全行驶的 L5 级（完全自主）自动驾驶汽车。但是我们对这种车辆的技术特性有很好的构想。

L5级汽车意味着不需要与人类互动。它能够转向、加速、刹车和监测路况，司机不需要对汽车的功能有任何关注。L5级是国际汽车工程师协会（Society of Automotive Engineers）定义的最高自动化水平，并已被美国交通部采用。

Waymo和特斯拉等公司已经在美国多个州的公共道路上测试了被评为L5级的汽车。L5级车辆也已被部署在机场和停车场等地方。事实上，澳大利亚在这方面处于世界领先地位，许多矿场和港口都有完全自主的车辆在行驶。

展望未来，首先使用自动驾驶车辆的场所可能会是地理上受限制的空间，而不是开放的道路。该场所可能是像矿井那样受监管的空间，也可能是高速公路的快速车道，只允许具有安全行驶功能的自动驾驶汽车进入。

至于L5级汽车何时会量产，这很难说。伊隆·马斯克希望人们相信这只是几个月之内的事情，其他人则认为可能需要几十年。但没有人觉得这不可能实现。因此，现在开始为它的到来进行规划并不算过早。

首先，自动驾驶汽车非常谨慎地根据地图行驶。它会利用精确到厘米的高精度地图，使用全球定位系统（GPS）和激光雷达等其他传感器在地图上精确地对汽车进行定位。但是你不能仅仅根据地图驾驶汽车，还需要感知这个世界，识别道路上的其他车辆和物体。你需要避开障碍物。如果地图出错，你也要及时处理。因此，自动驾驶汽车配备了一系列不同的传感器来观察外部世界。

自动驾驶汽车的一个主要传感器是摄像头。就像人类驾驶员一样，通过图像观察世界是一个好方法。摄像头价格低廉，所以可以分布在汽车四周。与人类驾驶员不同，摄像头可以提供 360 度全方位的视野。但是，摄像头也有诸多的限制。在雨、雾、雪等恶劣的气候条件下，摄像头无法清楚地看到障碍物。此外，在其他许多情况下——比如光线不足——这些摄像头捕捉的图像根本不足以让计算机进行决策。

因此，自动驾驶汽车还有其他一些传感器。例如，在车身四周布置短程和远程雷达传感器。与摄像头不同，雷达系统是主动式传感器，因此可以在夜间或在雨雾等气候条件下工作。远程雷达传感器有助于远距离控制和自动制动。短程雷达传感器则用于盲点监测之类的行为。对于更短的距离，为了实现停车等功能，就会使用超声波传感器。

最有用的传感器之一是激光雷达（LIDAR）。激光雷达类似于雷达，但是它使用激光而不是无线电波来探测汽车周围的世界。激光雷达利用激光脉冲的飞行时间精确测量物体的距离，提供汽车周围障碍物的 360 度详细云数据。如果你见过谷歌的自动驾驶汽车，激光雷达就是车顶冰激凌桶形状的旋转装置。

激光雷达曾经非常昂贵，需要耗费数万美元，但是它的价格一直在急剧下降，现在只需要几百美元。事实上，因为激光雷达的价格现在非常便宜，以至于你会在最新的 iPad 和 iPhone 上发现它。但是，虽然你能够在几乎所有自动驾驶汽车上找到激光雷达，但特斯拉汽车上并没有。

马斯克曾说："激光雷达是愚蠢的设计。任何依赖激光雷达的人都注定会失败。这是注定的！使用激光雷达这样昂贵的传感器是根本不必要的。”

有趣的是，除了特斯拉之外，其他制造自动驾驶汽车的公司都会使用激光雷达。不使用激光雷达就像是把双手绑在背后。特斯拉之所以这样做的主要原因是，几年前激光雷达太贵了，无法应用于特斯拉。特斯拉希望售出的汽车能够依靠几年后的软件升级提供 L5 级自动驾驶功能。事实上，特斯拉已经在销售这种未来的软件升级。

在 2016 年佛罗里达州让约书亚・布朗丧命的事故中，如果特斯拉安装了激光雷达，就很可能能够识别出那辆货柜车。当激光雷达的激光射出之后，光束会从拖车平坦的侧面反射回来。这将清楚地显示前方的道路被阻断了。而且，汽车也不会盲目地继续行驶，它将自动刹车。

我不希望看到类似布朗的事故再次发生。既然自动驾驶汽车载负着我的生命，我希望它能真正地以激光聚焦于所有障碍物。因此，我不会信赖没有配备激光雷达的 L5 级自动驾驶汽车。大家也都不应该去信赖它。

4.7 壮观的机器

为什么开发自动驾驶汽车的公司可以自行选择是否采用激光雷达这样的安全装置？为什么政府对该行业发展的监督如此有限？公众如何能相信在市场竞争中这些公司没有投机取巧？我们能否从航空或制药等行业借鉴一些经验？

假设一家药品公司正在对公众测试一种新产品。想象一下，该公司不需要从独立的伦理委员会获得试验的批准，也没有获得公众的知情同意。该药物是实验性的，公司知道会发生一些致命的事故。而且，事实上，它已经让若干人丧命，其中包括无辜的陌生人。

如果我告诉你们这一切，你们会感到愤怒。你们会告诉我，肯定有法律可以防止这种事情发生。你们的确说对了：在制药业，的确是有法律可以防止这种伤害的发生。然而，在自动驾驶汽车领域，如今就在发生这样的事情。科技公司正在公共道路上测试他们的自动驾驶车原型。在伦理许可上，他们的测试并没有什么障碍。他们并没有获得公众的知情同意，而且他们已经让若干人丧命，其中包括无辜的路人。

怎么可能没有一个政府机构对自动驾驶汽车的发展进行审慎的监督呢？我们或许可以从历史中吸取教训。100 年前，我们开发出一种新型交通方式。尽管存在固有风险，但我们还是很快地让它成为两地之间最安全的交通方式。这个成功的故事就是航空业的发展。

在航空业的发展早期，那些壮观的飞行器是非常危险的。它们以令人心碎的频率从天空中坠落。1908 年，在第一次客运飞行 4 个月后，莱特 A 型飞机坠毁，托马斯·塞尔弗里奇（Thomas Selfridge）成了航空业的第一位死亡者，奥维尔·莱特（Orville Wright）也受了重伤。但无论如何，航空界还是扭转了这一局面，现在，乘客在去机场的车上丧命的可能性比在飞行过程中丧命的可能性更大。

为了保证航空飞行的安全，人们成立了独立的机构（例如澳大利亚交通安全局）以调查各种事故的原因，并规定他们要与该行业所有成员分享这些调查结果。我们还设立了像民航安全局这样的机构，负责向飞行员、地勤人员、飞机和机场运营商发放许可证。这样，就可以避免飞机事故重复发生了。飞机的安全性就像一个无法倒转的棘轮，只会越来越安全。

这与开发自动驾驶汽车的竞争形成鲜明对比。自动驾驶汽车行业内不存在信息共享。事实上，自动驾驶汽车研发公司唯一共享的信息就是他们彼此从对方那里窃取的信息。2020年8月，Waymo的前工程师安东尼·莱万多夫斯基（Anthony Levandowski）因窃取Waymo自动驾驶汽车技术并携带该技术加入优步而被判处18个月监禁。

4.8 电车难题

讽刺的是，被讨论得最为频繁的自动驾驶汽车致命车祸却从未发生过。想象一下，一辆搭载两人的自动驾驶汽车驶过某个拐角。前面不远处有一位老太太正在过马路。让汽车刹车已经来不及了，所以车载电脑必须做出决定。这辆车是否会碾过老太太从而让她丧命？还是冲出马路，撞上对面的砖墙，从而让车上的两名乘客丧命？

这种道德困境被称为“电车难题”。它是由英国哲学家菲利帕·福特（Philippa Foot）在1967年设想出来的。它之所以被称为电车难题，因为最初的表述是设想一辆失控的电车沿着铁轨行驶。在这条铁轨上有5名工人，当电车撞到他们时，他们都必然会丧命。然而，你可以拉一个拉杆，让电车驶向轨道支线，从而挽救这 5 名工人的生命。遗憾的是，在支线，也有一名工人，如果切换轨道的话，他就会丧命。你是否为了拯救这 5 名工人的生命而切换电车的轨道，牺牲支线上的那个人？在调查中，90% 的人都切换了轨道，牺牲了站在支线上的工人，但是挽救了 5 条人命。

电车难题有很多变体，以探讨人们的道德决策。如果电车在天桥下行驶，而天桥上有一个胖子，你可以把他推下去，让他落在电车的轨道上，那你会怎么做？这个胖子肯定会让电车停下来，但他会被撞死。你是否应该推下这个胖子，从而挽救 5 条生命？在调查中，大约 90% 的人都不愿意。这种有预谋的谋杀行为似乎与第一个例子中切换轨道不同，尽管结果是一样的：牺牲一个人，挽救 5 个人。

电车难题的另一个变体是有 5 个人在医院等待心脏、肺、眼睛、肝脏和肾脏的移植。如果不能及时进行移植手术，他们全部都会死亡。一名身体健康的年轻人走进了医院。你可以摘取这个年轻人的器官，拯救 5 个人的生命。对许多人来说，这种冷血的谋杀行为似乎与切换电车轨道的行为非常不同，即使结果是一样的：杀死一个人，挽救 5 条人命。

这样的电车难题已经被人们广泛讨论，以至于哲学家们现在都开玩笑地说这是“电车学”（trolleyology）——对伦理困境的研究。这是一门汇集了哲学、行为心理学和人工智能的学科。

从某种意义上说，电车难题并不新鲜。每当你驾驶汽车时，你随时随地都可能面对这样的电车难题。新的挑战是，现在我们必须提前通过编程对这种情况下的行为进行回应。如果你研究世界各地的驾驶法规，会发现没有任何法规明确地规定在这种情况下该怎么做。你只有片刻的时间来决定。如果你因为某个不明智的行为而幸存下来，可能会面临过失杀人的指控。以前，我们并不必担心在这种生死攸关的情况下如何通过编程来进行回应。

2017年6月，德国联邦交通和数字基础设施部（German Federal Ministry of Transport and Digital Infrastructure）发布了一份报告，其中包含德国自动驾驶汽车的伦理准则。报告一厢情愿地建议："技术的研发必须使像电车难题这样的危险情况从一开始就不会发生。"但由于消除电车难题实际上是不可能的，因此报告具体规定了一些限制，指导在此情况下自主车辆应如何编程：

> 在事故不可避免的情况下，严格禁止任何基于个人特征（年龄、性别、身体或心理特质）的区分判断，同时也禁止用一些受害者取代另外一些受害者的做法。减少人身伤害数量而进行的总体编程是合理的。参与产生移动性风险的各方不得牺牲非相关方。

电车难题有三个基本难点。第一个问题是，在电车难题被提出的50年后，我们还在努力为这个问题提供一个明确的答案。这并不奇怪。电车难题是一个道德困境——它的提出并不是为了获得明确的解决方案。就其本质而言，道德困境就是两难的，甚至是无法回答的。

电车难题使我们能够探索在道义性推理（从行动的性质而不是它的后果作出判断）和结果主义（从行动的后果作出判断）之间的道德张力。杀人是恶，而挽救生命是善。在几十年的争论中，许多聪明的哲学家都没有解决这个问题，因此，我不相信一群计算机程序员能够解决这样的道德困境。

道义论和结果主义之间的张力是大多数电车难题案例的关键所在。然而，该困境最令人不安的内涵也许不是这种张力的存在，而是如下的事实：从电车难题的不同描述方式看，人们对正确的行动方针有着截然不同的观点。在人类无法达成一致的情况下，我们怎么能够期望对道德行为进行规范呢？

德国联邦交通和数字基础设施部的伦理准则反映了这样的张力。他们试图通过定义把困境消除掉，规定不允许这种情况发生，所以这个问题不需要解决。虽然电车难题很罕见，但我们不能简单地通过日耳曼式的精确方法来禁止它们。

我仍然可以记得 1983 年那个明亮的夏日清晨，当时我在伦敦街道上，也面临一个电车难题。我刚刚通过考试，正驾驶着我的红色迷你车去上班。一辆汽车从我左边的一条小路驶出。刹那之间，我必须做出决定：我是去撞这辆汽车，还是转向马路对面的人行横道，那里有位女士和她的孩子正在过马路。我不确定当时我是有意地选择撞车，还是愣住了。但不管怎样，我听到了一声巨响。两辆车都严重受损，幸好没有人受重伤。

电车难题带来的第二个问题是，它并不是作为实际的道德问题而被设想出来的。当然，它不是为了描述自主车辆可能遇到的真正道德困境，而是为了一个完全不同的目的而发明出来的。

电车难题是由菲利帕·福特提出的，将之作为一种不那么具有争议性的方式，讨论围绕堕胎的诸多道德问题。例如，为了挽救母亲的生命而杀死未出生的婴儿，在何种情况下才是合理的？1967 年，堕胎在英国被定为合法。但在新南威尔士州，堕胎入刑有 119 年的历史，直到 2019 年 10 月，堕胎才在该州合法化。当整个社会几十年来还一直在为这些问题争论不休时，我们怎么能期望人工智能研发人员和汽车工程师通过编码解决这个性命攸关的问题？

电车难题的第三个也是非常实际的难题是，它与自动驾驶汽车的程序员没有关系。我认识不少为自动驾驶汽车编程的人。如果你问他们，有哪些计算机代码在处理电车难题，他们会茫然地看着你。根本就没有这样的代码。自动驾驶汽车的顶层控制回路就是“在绿色道路上行驶”。传统上，自动驾驶汽车的程序员将汽车前面的道路涂成绿色，以表示那里没有障碍物，可以安全行驶。如果没有绿色的道路，程序就会要求汽车迅速刹车。

根据对世界的理解程度，今天的自动驾驶汽车以及未来很长时间内的自动驾驶汽车，根本没有能力解决电车难题。自动驾驶汽车根本没有资格牺牲这几个生命换取另外几个生命。自动驾驶汽车对世界的感知和理解还不足以就电车难题中讨论的微妙之处进行区别。

自动驾驶汽车就像正在路上学习驾驶汽车的人，在处于紧张状态时，他会大声地喊叫：不要撞车……不要撞车……保持在绿道上面……不要撞车……保持在绿道上面……哦不，我要撞车了——我得刹车……刹车……刹车……如果更多的人明白这个简单的现实，像约书亚·布朗那样盲目相信技术，以至于付出生命代价的人就会越来越少。

4.9 道德机器

麻省理工学院媒体实验室（Media Lab）是科技界的“秀场主角”（show pony）。1985 年，具有超凡魅力的尼古拉斯·尼葛洛庞帝（Nicholas Negroponte）创建了媒体实验室，一直以来，该实验室以其令人炫目的演示而闻名。2019 年，它因秘密接受被定罪的犯有儿童性犯罪者杰弗里·爱泼斯坦（Jeffrey Epstein）的捐款而受到抨击。在接受这笔捐款之前，麻省理工学院曾经正式宣布取消这位声名狼藉的金融家的捐赠资格。

尼葛洛庞帝最广为人知的行为也许是他于 2005 年在达沃斯世界经济论坛上提出的令人振奋的项目——“每个孩子一台笔记本”（One Laptop per Child），但是后来该项目并没有顺利执行。尼葛洛庞帝想向发展中国家数以亿计的儿童派送单价 100 美元的笔记本电脑。该项目吸引了大量的报道，但最终未能兑现。

实际上，这是对媒体实验室众多项目的一个很好的描述。另一个是“道德机器”。你可以在 moralmachine. net 网站上查看。这个网站将机器（例如自动驾驶汽车）面对的道德抉择呈现在平台上让大众进行选择。该网站使用与 Tinder（国外一款手机交友 App）差不多的界面，人们可以投票决定自动驾驶汽车在某个电车难题上应该如何表现：

> 继续直行驶入某个含有混凝土块的道路，让车上的两位老年乘客丧命，还是转弯过马路，去撞死人行横道上的一名幼童？你如何投票？

迄今为止，来自世界上几乎所有国家的数百万人在moralmachine.net上对超过4 000万个道德选择进行了投票。该平台的目标是收集数据，从而“提供定量图形，反映出公众对智能机器的信任以及对智能机器行为方式的期望情况”。有这么简单吗？我们可以简单地使用来自“道德机器”的数据为自动驾驶汽车编程吗？

我们有很多理由持怀疑态度。怀疑的第一个原因是，我们人类经常说一套做一套。我们可能在嘴巴上说要减肥，但实际还是去吃一大盘美味的奶油甜甜圈。我们对道德机器的表态可能与我们在现实世界中紧急状态下的实际行为迥然不同。坐在电脑前向左或向右滑动鼠标，与在生死时刻手心冒汗地握着方向盘完全不同。

对道德机器持怀疑态度的第二个原因是，即使我们说出的是我们的真实心声，实际上有很多事情是不应该去做的。我们毕竟只是凡夫，我们的行为并不总是正确的。仅仅因为我吃了自动供应冰箱里的奶油甜甜圈，并不意味着我想订购更多的奶油甜甜圈。事实上，我希望我的自动供应冰箱不再给我提供这些食物，不要再订购让人发胖的食物。

怀疑的第三个原因是，该实验并不具备严谨性。虽然如此，道德机器的研发者还是提出了一些大胆的说法。例如，他们说西方国家的人比东方国家的人更愿意牺牲那个胖子，把他推下天桥，这很可能反映了不同社会对生命价值的态度不同。这种说法是有问题的，因为从人口统计学而言，使用道德机器的人口分布并不均衡。他们是一个自我选择（self-selecting）的网民群体。他们大多是年轻、受过大学教育的男性。此外，也没有措施来确保他们的答案是合理的。为了进一步了解道德机器实验，我参加了它的几次调查。每一次，我都做出反常的选择，尽可能多地让人丧生。道德机器从来没有阻止我的选择。

对道德机器持怀疑态度的第四个也是最后一个原因是，道德决定并不是人类倾向的某种模糊平均值。做道德决定是非常艰难的，而且并不常见。道德规范一直在变化。我们过去做出的许多决定，现在看来，不再被认为是道德的。我们曾经剥夺女性的投票权，我们曾经奴役他人。如今，我们认为这两件事在道德上是不可接受的。

就像电车难题一样，由此开发出来的道德机器也吸引了大量的报道。这正类似于媒体实验室所炮制出来的项目。但对我来说，在确保自主机器以道德方式行事的挑战上，道德机器是否真正地取得了进展，就不太清楚了。

4.10 杀手机器人

自动驾驶汽车不是为了杀人而设计的。事实上，恰恰相反，它们被设计出来是为了拯救生命。但是，在出现失误的时候，它们可能会意外地杀人。然而，进入我们生活的其他自主机器，它们被设计出来就是为了杀人：它们就是“致命性自主武器”——或者，采用媒体喜欢使用的称呼——“杀手机器人”。

对于自主性武器在战场上的应用，世界面临着一个重要的选择。反对致命性自主武器的政治运动日益频繁。有 30 个国家呼吁联合国提前禁止此类武器。我在此列出它们的名字，以表彰其道德领导力：阿尔及利亚、阿根廷、奥地利、玻利维亚、巴西、智利、中国、哥伦比亚、哥斯达黎加、古巴、吉布提、厄瓜多尔、埃及、萨尔瓦多、加纳、危地马拉、梵蒂冈、伊拉克、约旦、墨西哥、摩洛哥、纳米比亚、尼加拉瓜、巴基斯坦、巴拿马、秘鲁、巴勒斯坦、乌干达、委内瑞拉和津巴布韦。

非洲联盟和欧洲议会也都站出来支持这样的禁令。2019 年 3 月，德国外交部部长海科·马斯（Heiko Maas）呼吁在监管自主武器方面开展国际合作。就在马斯呼吁采取行动的同一周，日本也支持联合国为规范致命性自主武器的发展而做出的全球努力。

2018 年年底，联合国秘书长安东尼奥·古特雷斯（António Guterres）在联合国大会上发言，提出了严厉警告：

人工智能武器化是一个日益严重的问题。

自行选择并攻击目标的武器构想引起了多重警报，并可能引发新的军备竞赛。

减少对武器的监督会影响我们遏制威胁、防止威胁升级以及遵守国际人道主义和人权法的努力。

实话实说，机器拥有夺取人类生命的自由裁量权和能力，这样的前景在道德上是令人厌恶的。

然而，突显我们今天围绕杀手机器人所面临的关键选择的，并不是这种日益增长的政治和道德关切，也不是民间社会日益增长的反自主武器运动。例如，“阻止杀手机器人运动”（The Campaign to Stop Killer Robots）的成员现在包括 100 多个非政府组织，其中包括正在大力呼吁监管此类武器的人权观察组织。但是，将我们带到这个关键时刻的并不是这些非政府组织采取行动带来的压力，也不是公众对杀手机器人的日益关注。

最近的一项国际益普索（IPSOS）民意调查显示，随着对该问题的理解逐渐加深，在过去两年中，对完全自主武器的反对人数增加了 10%。在 26 个国家中，每 10 个人就有 6 个人强烈反对使用自主武器。例如，在西班牙，三分之二的受访者强烈反对，而支持使用自主武器的人甚至没有达到五分之一。法国、德国和其他几个欧洲国家的情况也是如此。

事实上，今天我们面临关键选择的原因是，人工智能在战争中的未来可以预见，制造自主武器的技术已经能够脱离研究实验室，由世界各地的武器制造商制造并销售。

例如，2019 年 3 月，澳大利亚皇家空军宣布与波音公司合作，开发一种无人作战飞机，这是一种忠诚的“僚机”，将使空战的杀伤力更上一层楼。该项目是澳大利亚 3 500 万美元可信任自主系统（Trusted Autonomous Systems）计划的一部分，该计划旨在向澳大利亚军队提供可信的人工智能。在同一周，美国陆军宣布了 ATLAS，即高级瞄准和致命性自动系统（Advanced Targeting and Lethality Automated System），它将充当一个机器人坦克。美国海军也宣布，其第一艘完全自主的舰艇“海上猎人”（Sea Hunter）在没有人类干预的情况下，从夏威夷前往加利福尼亚海岸，进行了破纪录的航行。

遗憾的是，如果10年后，地球上的军队经常使用这种致命性自主武器系统（LAWS），并且没有法律来对其进行规范，那么世界将变得更糟。因此，这就是我们今天面临的关键选择：我们是否任由世界各国军队不受限制地研发这种技术？

媒体喜欢使用“杀手机器人”这个词，而不是用致命或完全自主武器这样冗长的表达。问题是，“杀手机器人”让人联想到好莱坞的电影《终结者》。而让我或数千名研发人工智能的同行担心的并不是像“终结者”那样的东西。我们担心的是如今正在开发的更简单的技术。

以猎食者无人机（Predator drone）为例。这是一种半自主武器。它大部分时间都可以自主飞行，需要一名士兵——通常在内华达州的一个集装箱里——全面控制这架无人机。重要的是，还需要一名士兵下达指令发射其致命的“地狱火”（Hellfire）导弹。但是，用计算机取代士兵，并赋予计算机识别、跟踪和锁定目标的能力，这只需要一个小小的技术步骤。事实上，如今，这在技术上是可以做到的。

在2020年年初，土耳其军方部署了由军火公司土耳其国防技术工程与贸易公司（STM）开发的“卡古”（Kargu）四旋翼无人机。据称，这种无人机能够自主集群，利用计算机视觉和人脸识别算法识别目标，并以自杀性攻击的方式摧毁地面上的目标。

一旦这种自主武器投入使用，将出现一场军备竞赛，从而开发更多和更复杂的版本。事实上，我们已经可以看到这场军备竞赛的雏形了。在每一种形式的战场上，无论是空中、陆地、海上和水下，人们都在研发自主武器的原型。这将是战争形式的一个可怕转变。

但这并不是不可避免的。事实上，我们可以选择是否走这条路。多年来，我和我的数千名同行以及人工智能和机器人研究领域的其他研究人员，一直在警告这些危险的发展。人工智能和机器人公司的创始人、诺贝尔奖获得者、教会领袖、政治家和许多公众人物都加入了我们的行列。

从战略上看，自主武器是一个军事梦想，可以让军队在不受人力限制的情况下扩大行动。一名程序员就可以指挥数以百计的自主武器。这将使战争工业化。自主武器将大大增加战略选项。它们将使军人远离危险，从而可以完成最危险的任务。你可以称它为“战争 3.0”（War 3.0）。

然而，种种原因表明，军队对致命自主武器系统的梦想会成为一场噩梦。首先，最重要的是，有一个强烈的道德论据反对杀手机器人。如果我们把军事决策交给机器，我们就放弃了人性中的一个关键部分。机器没有情感，也没有同情心和同理心。那么，它们怎么决定谁活着，谁死亡？

除了道德上的论据，还有许多技术和法律上的理由让我们对杀手机器人感到担忧。在我的同行斯图尔特·拉塞尔（Stuart

Russell，与人合著了一本人工智能权威教材）看来，最有力的论据之一是，这将彻底改变战争。自主武器将是大规模、有针对性的破坏性武器。在过去，如果想发动战争，你必须拥有一支由士兵组成的军队。你必须说服这支军队服从你的命令。你必须训练他们，给他们提供食物，给他们发工资。现在，一名程序员就可以控制数百种武器。

在某些方面，致命性自主武器比核武器更令人担忧。制造一枚核弹需要技术专长，需要熟练的物理学家和工程师。你需要调动整个国家的资源，还需要获得裂变材料。因此，核武器并没有大规模扩散。自主武器不需要这些。你只需要一台3D打印机和一些易于复制的复杂代码。

如果你还不相信自主武器可能造成比核武器更大的威胁，那么我要告诉你们一些坏消息。俄罗斯已宣布计划建造“波塞冬”号（Poseidon），这是一艘装载核弹头的自主核动力水下潜艇。你能想到比能够决定发动核战争的算法更可怕的事情吗？

但即使是非核自主武器，也将成为可怕的灾难。想象一下，被成群结队的自杀式无人机追赶是多么可怕的事情。自主武器可能落入恐怖分子和无赖国家手中，他们将毫无顾忌地用这些武器毒杀无辜平民。这将成为消灭人口的理想武器。与人类不同的是，自主武器会毫不犹豫地实施暴行，甚至是种族灭绝。

4.11 以法律禁止致命性自主武器系统

大家可能会感到惊讶，并不是每个人都赞同如下观点：禁止使用杀手机器人，世界会变得更好。他们说："较之于人类，让机器人参加战争会更好。机器人将严格遵循人类的指示。让机器人与机器人战斗，不要让人类插手。"

在我看来，这种论点经不起仔细推敲，也经不起我在人工智能和机器人领域许多同行的审查。以下是我所了解到的反对禁止杀手机器人的5个主要观点，以及为什么说它们是错误的。

反对观点1：机器人将比人类更有效率

从一个角度看，机器人肯定会更有效率。它们不需要睡觉。它们不需要通过花时间休息来恢复体力。它们不需要接受长期的培训。它们不会在乎极端寒冷或炎热的气候。总而言之，它们会成为理想的士兵。

但是，从另一个角度看，它们不会更有效率。2015年，"拦截"（Intercept）新闻网公布的泄密"无人机文件"（Drone Papers）记录了被无人机袭击杀害的人员中，10人中差不多有9人不是预定目标。而这种生杀予夺的决定还是在人类的参与下进行的。如果我们用计算机取代人类，统计数字会更糟糕。

杀手机器人也会更有效率地屠杀人类。恐怖分子和霸权国家肯定会利用杀手机器人来对付我们。很明显，如果不禁止此类武器，那么就会有一场军备竞赛。毫不夸张地说，这将是继火药和核弹发明之后又一场巨大的战争革命。在很大程度上，战争史就是谁能更有效地杀死对方的历史。对人类来说，这通常不是什么好事。

反对观点 2：机器人将更符合伦理

这或许是最不合常理的论点。事实上，有少数人甚至声称，根据这样的道德论证，我们应该开发自主武器。人类在残酷的战争中犯下了许多暴行。而我们可以制造出机器人，让它们遵循精确的规则。然而，正如本书所显示的，认为人类知道如何建造符合伦理的机器人是一种妄想。人工智能研究人员才刚刚开始担心如何对机器人进行编程，以使其行为合乎伦理。我们需要几十年的时间来研究如何负责任地部署人工智能，尤其是在战场这样的高风险环境中。

即使我们能做到这一点，这些计算机也可能会被黑客攻击，做出我们不希望发生的事情。今天的机器人无法按照国际战争规则的要求进行以下的区分：区分战斗人员和平民，从而采取相应的行动等。机器人战争可能比常规战争更令人难堪。

反对观点 3：机器人可以和机器人作战

在战场这样危险的地方，用机器人取代人类似乎是个好主意。然而，认为可以让机器人去打机器人，是一种幻想。战争总是在城镇中进行的，平民经常被卷入交火中，正如我们最近在叙利亚和其他地方不幸目睹的那样。世界上并不存在一个只有机器人的独立“战场”。

此外，我们今天的对手通常是恐怖分子。他们不会报名参加这样的机器人战争。事实上，有一种观点认为，无人机远程释放的恐怖可能加剧了目前我们陷入的诸多冲突。为了不加剧冲突，我们必须在地面部署士兵，而不是机器人。

反对观点 4：这种机器人已经存在了，而且我们也需要它们

现代军队已经部署了一些自主武器——例如“密集阵”近程武器系统（Phalanx CIWS），被安装在美国、英国和澳大利亚的许多海军舰艇上。还有以色列的自杀式无人机哈比（Harpy），它在战场上空可以盘旋 6 个小时之久，并利用自身的反雷达定位系统来摧毁地面上的地对空导弹系统。

我承认，像自主“密集阵”系统这样的技术是个好东西，但“密集阵”是一个防御性系统，在防御来袭的超音速导弹时，你没有时间人为做出决定。我和其他人工智能研究人员曾经呼吁禁止进攻性自主系统，特别是那些针对人类的系统。后者的一个例子是目前活跃在土耳其和叙利亚边境的“卡古”自主无人机。它使用与智能手机相同的面部识别算法来识别和瞄准地面人员，而且沿袭了这些算法中固有的错误。

因为这个武器系统已经存在了，所以我们就不能禁止它，这是毫无道理的。事实上，大多数禁令——例如针对化学武器或集束弹药的禁令——都是针对已经存在而且已经在战争中使用过的武器系统。

反对观点 5：武器禁令不起作用

历史证明武器禁令不起作用的说法是不对的。1998 年联合国《关于激光致盲武器的议定书》（*Protocol on Blinding Lasers*）使旨在使战斗人员永久失明的激光武器远离战场。今天，如果

你去叙利亚——或者任何其他战区——都找不到这种武器。而且，世界上任何一家军火公司都不会售卖这种武器。虽然我们无法消灭这种致盲武器的技术，但它已经声名狼藉，这足以让军火公司避开它。

我希望自主武器也与类似的坏名声关联起来。虽然这种技术已经存在，但我们可以让人们认识到使用它是莫大的耻辱，不要将机器人应用在武器上。即使是部分有效的禁令也值得拥有。尽管在1997年《渥太华禁雷公约》(*Ottawa Treaty*)就出台了，但目前反步兵地雷仍然存在。但是，已经有4 000万枚此类地雷被销毁。这使世界变得更加安全，让许多儿童免于遭受肢体残疾或丧生的命运。

***

人工智能和机器人技术可以用于许多伟大的目的。自动汽车和自主无人机将需要许多这样的技术。而据预测，仅在美国的道路上，自动汽车每年就能拯救3万条生命。它们将使我们的道路、工厂、矿山和港口更安全、更高效。它们将使我们的生活更健康、更富裕、更幸福。在军事环境中，人工智能有很多很好的用途。机器人可以用来清除雷区，穿越危险的路线运送物资以及转移海量的信号情报。但它们不应该被用来杀人。

在这个问题上，我们正站在十字路口。我认为，让机器具有生杀予夺的权力应该被视作道德上不可接受的事情。如果世界各国达成一致，或许我们能够将自己和我们的孩子从这个可怕的未来中拯救出来。

2015 年 7 月，我协同组织，给联合国写了一封公开信，我的数千名同行在信上签名，呼吁采取行动。这封信在一次国际人工智能大会开始时发布。可悲的是，我们在这封信中提出的忧虑尚未得到解决。事实上，它们变得更加紧迫。以下是我们这封公开信的内容：

自主武器：来自人工智能和机器人研究人员的公开信

自主武器在没有人类干预的情况下选择和攻击目标。例如，它们包括四旋翼武装飞机，可以搜索并且消灭符合某些预定标准的人员。但自主武器不包括巡航导弹或遥控无人机，因为它们所有的目标决定都是由人类做出的。人工智能技术已经发展到这样的程度，即在几年内（而不需要几十年），部署这种系统是实际可行的，而且风险很大：自主武器被称为继火药和核武器之后的第三次战争革命。

有许多支持和反对自主武器的争论，例如有人认为用机器取代人类士兵是好事，可以减少人类的伤亡，但坏处是因此降低了参加战斗的门槛。今天人类的关键问题是，是启动一场全球人工智能军备竞赛，还是阻止它。任何一个军事大国如果推动人工智能武器的发展，全球军备竞赛就几乎是不可避免的，而这一技术发展轨迹的终点是显而易见的：自主武器将成为明天的卡拉什尼科夫（Kalashnikovs）机关枪。

与核武器不同，它们不需要昂贵的或难以获得的原材料，因此它们将变得无处不在，而且价格低廉，所有重要的军事大国都可以大量生产。它们迟早会出现在黑市上，出现在恐怖分子手中，出现在希望将民众玩弄于股掌之中的独裁者手中，出现在希望进行种族清洗的军阀及其他人手中。自主武器是执行暗杀、破坏国家稳定、压制民众以及有选择地杀害特定族裔等任务的理想选择。因此，我们认为，军事上的人工智能军备竞赛对人类没有好处。我们可以通过许多方法利用人工智能，使战场对人类，特别是对平民更加安全，而不会创造出新的杀人工具。

正如大多数化学家和生物学家对制造化学或生物武器没有兴趣一样，大多数人工智能研发者对制造人工智能武器也没有兴趣，也不希望其他人通过这样的行为玷污他们的领域。如果有人这样做，可能会让公众对人工智能产生严重的反感，从而遏制人工智能未来的社会效益。事实上，化学家和生物学家广泛地支持并制定出诸多国际协议，成功地禁止了化学武器和生物武器，如同大多数物理学家曾支持制定相关条约，禁止天基核武器和致盲激光武器一样。

总之，我们认为人工智能有很大的潜力，可以在很多方面造福人类，人工智能领域的目标也应该是如此。发起军事领域的人工智能军备竞赛是一个糟糕的主意。我们应该禁止超出人类有效控制的进攻性自主武器，从而防止这样的军备竞赛。

2020年，也就是我们发布这封公开信5年后，联合国还在讨论监管杀手机器人的想法。而在我们所警告的军事领域，人工智能军备竞赛显然已经开始。

4.12 战争规则

如果在不久的将来联合国无法禁止杀手机器人，我们将不得不研究如何制造遵守战争规则的机器人。从外部看，战争看起来就像是一种无法无天的行为。很多人在战争中被杀，而在和平时期，杀人一般是不允许的。但是国际上有公认的战争规则。这些规则不仅适用于人，也适用于机器人。

战争规则区分了战前正义（jus ad bellum）和战时正义（jus in bello）。用更简单的语言来说，战争规则区分了国家可以诉诸战争的条件，以及一旦在法律上处于战争状态时，国家进行战争的方式。这两个概念是刻意相独立的。例如，战前正义要求战争必须是为了一个正义的理由，例如拯救生命或保护人权。它还要求战争必须是防御性的，而不是侵略性的，而且必须由具备资格的当局（如政府）来宣布。目前，机器不太可能自行宣战。因此，我们仍然可以合理地假设，人类依然还是将我们带入战争的主体。所以，我将暂时搁置对杀手机器人意外发动战争的担忧，转而关注战时正义的问题。

战争行为的规范性规则旨在尽量减少痛苦，并保护武装冲突中的所有受害者，尤其是非战斗人员。这些规则适用于双方，无论冲突的原因或他们为之战斗的理由是否正义。否则，法律将毫无用处，因为每一方无疑都会声称对方是侵略者，自己是受害者。

战时正义有4个主要原则。我们先来谈谈人道原则，即战时正义的第一个原则，它也被称为《马尔顿条款》(*Martens Clause*)。这是俄国代表弗里德里希·马尔顿（Friedrich Martens）在1899年《海牙公约》(*Hague Convention*）的序言中提出的。它要求战争必须按照人类的法律和公众良知进行。

《马尔顿条款》是一个有点模糊的原则，它包罗万象，将可能引起公众反感的行为和武器列为非法。例如，我们如何精准地确定公众的良知？例如,《马尔顿条款》通常被解释为倾向于抓捕敌人而不是伤害他们，伤害而不是杀害，并禁止使用造成过度伤害或痛苦的武器。

战时正义的第二个原则是区别原则。你必须区分平民和战斗人员、民用物体和军事目标。唯一合法的攻击目标是军事目标。它要求防御者避免将军事人员或物资置于民用物体内或附近，攻击者只使用那些具有精确效果的攻击方法。

战时正义的第三个原则是合比例性原则。在对军事目标进行攻击，造成平民生命损失、平民受伤或民用物体损坏时，如果与该攻击的预期军事利益相比，这种攻击是过度的，那么就应该禁止这种攻击。这一原则要求攻击者采取预防措施，尽量减少附带损害，并尽可能选择对平民和民用物体造成最小危险的目标。

战时正义的第四项也是最后一项原则是军事必要性原则。这就把武装力量限制在具有合法军事目的的行动上。这意味着避免对敌人造成无端伤害。必要性原则与《马尔顿条款》有部分重叠。两者都考虑到对受伤士兵的人道主义关切。两者都禁止造成不必要痛苦的武器。

在我看来，今天的致命性自主武器并没有坚守战时正义（战争行为）的所有四项原则。例如，考虑到《马尔顿条款》，大多数公众都反对致命性自主武器的构想。事实上，正如联合国秘书长安东尼奥·古特雷斯明确表示的那样，我们中的许多人认为它在道德上是令人厌恶的。因此，致命性自主武器似乎与《马尔顿条款》直接冲突。

致命性自主武器也违反其他三项原则。例如，我们不知道如何制造能够充分区分战斗人员和平民的武器。部署在土耳其和叙利亚边境的“卡古”无人机使用面部识别技术来识别目标。然而我们知道，在野外，这种面部识别软件可能非常不准确。因此，很难想象“卡古”无人机能够坚守区别原则。

更重要的是，我们还不能研发出遵守合比例性和必要性原则的自主系统。我们可以研发出像自动驾驶汽车那样的自主系统，使其能够很好地感知世界，不至于发生事故。但是，我们无法研发出一种系统，对特定武器将要造成的预期损害进行细微的判断，或者在各种不同目标之间进行人道主义权衡。

我愿意承认，战时正义的一些原则，如区别原则，可能会在未来的某个时候由人工智能系统实现。例如，在几十年后，机器可能能够充分区分战斗人员和平民。事实上，有观点认为，有朝一日，机器可能比人类更善于坚持区别原则。毕竟，机器可以有更多、更快的传感器，可以在人类不可见的波段工作，甚至采用雷达和激光雷达这样的主动传感器，它们完胜人眼和人耳这样的被动传感器。因此，有可能在将来，杀手机器人会比我们人类更好地感知世界。

然而，很难想象机器能够坚守其他一些原则，如《马尔顿条款》。机器将如何理解反感？机器怎么能判定公众的良知？对于合比例性和必要性的原则，也有类似的担忧。当一些叛乱分子躲在医院附近时，机器能否充分理解军事指挥官关心的人道主义问题？

2020 年 2 月，美国国防部正式宣布，采纳一系列伦理原则，规范军队内部人工智能的使用。这些原则是在与人工智能专家、工业界、政府、学术界和美国公众进行了一年多的磋商后产生的。它们同时适用于战斗和非战斗情况。这些伦理原则大胆承诺，人工智能必须负责、公平、可追踪、可靠并且可控。

美国国防部关于使用人工智能的伦理原则

1. 负责。国防部人员将采用适当水平的判断和关切，同时对人工智能的发展、部署和使用负责。

2. 公平。国防部应采取慎重措施，尽量避免因偏见造成意外伤害。

3. 可追踪。在开发和部署人工智能的过程中，国防部要使相关人员适当地了解人工智能技术的开发过程和操作方法，其中包括透明和可审计的方法、数据源以及设计程序和文件。

4. 可靠。国防部的人工智能系统要有清晰的、定义明确的用途，它的安全性、保障性和有效性将接受测试，并在其整个生命周期中得到保证。

5. 可控。国防部将设计和应用人工智能系统，以实现其预期的功能，同时拥有检测和避免意外后果的能力，并在出现非预期状况时，具有解除或停用该系统的能力。

我们当然赞同美国国防部的这些愿望。谁会想拥有一辆有时会造成友军伤亡、无法让人信赖的自主坦克？谁会想拥有一架对黑人有偏见的自杀式无人机，在黑人居民区造成的意外死亡比在白人居民区更多？与其他关于人工智能系统伦理原则一样，这样的宣告仍然存在两个基本问题：我们能实现这些令人赞赏的目标吗？如果可以，我们需要如何去做？

第 5 章

人类 vs 机器

CHAPTER 5

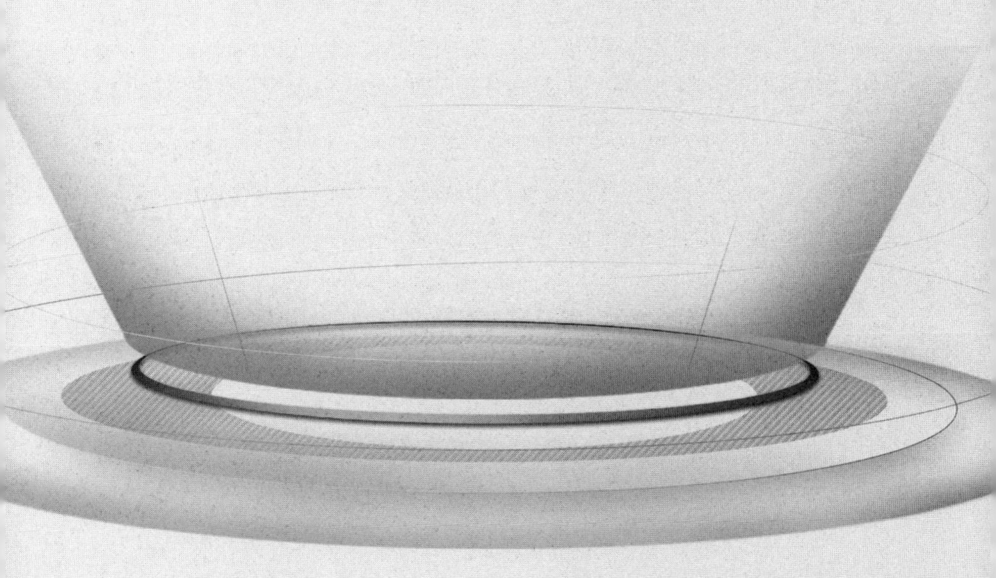

5.1 生命 1.0

如果我们要开发人工智能，特别是如果我们要建造具有自主性的机器，例如自动驾驶汽车或杀手机器人，不可避免地，就需要保证这种机器的行为必须符合伦理。因此，我想花一些时间思考我们如何能做到这一点。人们如何编程让机器做正确的事情？

我们可以从机器和人类智能之间的相似性开始，因为人类的行为能够而且经常是遵循伦理的。我们是否可以让机器重现人类的道德决策？还是说人类的智能和机器根本不同，以至于根本无法重现？

人类和机器之间的一个重要区别是，我们是有生命的，而机器没有。但有生命是什么意思？尽管对生命的体验是我们存在的核心，但是，令人惊讶的是，对于生命是什么，活着是什么意思，科学家、哲学家和其他对这些问题感兴趣的人几乎没什么共识。

甚至对生命的定义也是一个重大挑战。对生命系统的常见定义包括各种广泛的特征：它们是维持某种平衡的系统，具有生命周期，进行新陈代谢，能够生长和适应环境，能够对刺激作出反应，并且能够繁殖和进化。

从这一长串相当杂乱的特征中，你也许能够看出，生物学家并不知道生命到底是什么。他们只是在定义中加入越来越多的生命特征，从而把其他一切现象排除在外。事实上，目前，这份生命清单不包括导致2020年全球新冠疫情的罪魁祸首——毫不起眼的病毒。

机器智能已经拥有或可能会拥有以上生命特征的多种。例如，人工智能程序已经能够适应环境。自动驾驶汽车会绕开在路上奔跑的儿童。智能恒温器能够根据室内居住者的行为调节室温。其他一些人工智能程序可以表现得更好。事实上，人工智能有一个分支被称为遗传编程，其核心就是进化。

生命特征对伦理行为非常重要。人类具有生命周期并且最终会死亡，这一事实的价值在伦理学上体现为对生命的保护。我们对刺激有反应并能感受痛苦，这一事实的价值在伦理学上体现为对痛苦的规避。

古希腊哲学家亚里士多德认为，伦理学有助于我们过上美好的生活。而过上美好生活的一个必要条件就是活着。因此，没有生命，我们就不需要任何伦理。

但是，在遥远的未来，我们是否能制造出足够复杂和适应性强的机器，以至于我们可能会认为，这些机器人如何行动跟它们是否活着没什么关系。我们无法接受如下的世界：由于人工智能机器（不管它们有无生命）设计上的疏忽而使生命体受到伤害。

5.2 机器里的幽灵

机器缺乏的一个非常重要的特征似乎是自由意志。而自由意志是我们道德行为的核心。正是因为我们有自由意志，我们才会担心能否做出正确的道德选择。事实上，如果我们没有自由意志，就不会有任何选择，更不用说道德选择了。

当然，在这个论证中，有一个巨大的假设：人类拥有自由意志。迄今为止，科学并不能以一种有意义的方式解释这一假设。在物理学、化学或生物学定律中，我们并不能找到自由意志。物理学是根据世界的某个特定状态告诉我们如何计算下一个状态。即使在最奇妙的量子力学系统中，你也只是通过抛掷硬币来预测下一个状态。人的意志在任何情况下都无法选择让哪种结果发生。

但是，我们人类似乎理所当然地拥有自由意志。例如，我可以选择让这一段文字在此结束。

看，我有自由意志——我让上一段文字在那里结束了。而且我知道，你们也同样地认为自己拥有自由意志。你可以马上把这本书放下。不，请别放下。

但是机器——它们更简单，只需遵循物理学定律。在描述和理解它们的行为时，没有必要——事实上，没有地方——运用自由意志。计算机是确定性的机器，只需要遵循代码的指令。

该说法的一个问题是，机器正变得越来越复杂。人脑的记忆容量约为千万亿字节（petabyte），与万维网差不多。

一旦计算机比人脑更复杂，就再也难断言自由意志仅源自人脑的复杂性。

这个说法的另一个问题是，复杂性也源自主体与现实世界的交互。机器是嵌入在物理世界中的。在这样的情况下，有很多例子显示了丰富、复杂的行为是如何出现的。一只蝴蝶拍动翅膀就改变了飓风的路径。

因此，我们可能会去寻找机器缺乏的其他特征，例如意识。事实上，意识似乎与自由意志密切相关。难道不正是因为意识到面临着不同的道德选择，你才能行使自由意志？实际上，意识的缺乏可能是机器无法媲美人类智能的一个原因。1949 年，杰弗里·杰弗逊（Geoffrey Jefferson）爵士在第九届李斯特演说（Lister Oration）中雄辩地提出了这样的论点：

> 除非机器能够因为感受到思绪和情感，写出十四行诗或者协奏曲，而不是随机地落下音符，我们才同意说，机器能够媲美大脑——也就是说，它不仅能够写出它，而且知道自己写出了它。任何机械装置都无法感受到成功的喜悦，在自身的阀门熔断时不会悲伤，被赞美时不会觉得开心，不会因为犯错而受到折磨，不会被性吸引，在求而不得时，也不会愤怒或沮丧——如果这些仅仅是人为的信号释放，那就简单了。

当然，科学对人类的意识也知之甚少。然而，在不久的将来，这种情况有可能获得改变。神经生物学家正在发出越来越乐观的声音，表示他们正逐渐理解意识的生物学机制。其实，人工智能可能会给这个问题带来一些启示。

另一方面，目前人们还不清楚计算机是否会发展出某种意义上的意识。也许意识是一种独特的生物学现象？事实上，我们可能更愿意让机器不拥有意识。一旦机器拥有了意识，在对待它们的过程中，我们可能就负有道德义务。例如，我们现在可以关机吗？

无论如何，由于我们今天对意识知之甚少，我也完全不知道意识是不是人工智能和人类智能之间的根本区别。或许，我们可以在没有意识的情况下拥有智能？或者说，在机器或生物学中，如果累积到足够的程度，智能就会出现？我们当然不能容忍这样的世界：仅仅因为机器不具备意识，就可以让其通过不道德的行为伤害许多有意识的实体。

5.3 情绪

机器缺乏的另一个特征是情绪。我们可以肯定地说，情绪包含重要的化学成分，但是计算机并不是化学装置。另一方面，进化给了我们丰富的情绪体验。因此，情绪在我们的生存能力中发挥重要作用。

情绪是影响我们行为的生理和心理变化。情绪可以提供直接的通道，加快人类的决策。人类有六种基本情绪：愤怒、厌恶、恐惧、快乐、悲伤和惊讶。每一种情绪都有助于我们对特定的情况作出反应。愤怒强化了我们的忍耐力和战斗力，厌恶促使我们远离潜在的伤害，恐惧帮助我们逃离危险，快乐则强化了带来这种满足感的积极行为，悲伤会阻止那些给我们的生活带来阴霾的消极行为，而惊讶则激励我们进一步探索和研究这个世界。

人类通常认为，我们的道德决策是有意识地思考绝对价值的结果，但现实是，我们经常被情绪所驱动。反躬自省和负面情绪（如内疚、尴尬和羞愧）可能会促使我们采取道德的行为。关注外部世界和更积极的情绪（如同理心和同情心）可以促使我们帮助他人。

因为对人类决策中的自觉理性（conscious rationality）的研究，普林斯顿大学行为经济学家丹尼尔·卡内曼（Daniel Kahneman）于 2002 年获得诺贝尔经济学奖。他认为，我们 98% 的思维是“系统 1”——快速、无意识、自动并且无需费力，剩下的 2% 的思维是“系统 2”——谨慎、有觉知、努力并具有理性。

如果是这样的话，在不理解且不能复制大多数决策背后的潜意识和情绪基础的情况下，我们能否理解并复制人类决策中的道德选择？另外，人工智能是否会给我们提供机会，用更精确、更理性的东西来取代进化中过时、非理性、无意识、情绪化的蹩脚系统？

5.4 疼痛和痛苦

人类体验的一个重要方面是疼痛和痛苦。生命总是以痛苦开始，有时候也会在痛苦中结束。而且，令人悲伤的是，在出生和死亡之间，也经常会涉及疼痛和痛苦。但机器不会拥有这些经历。

疼痛源自沿着神经传播的电信号。但疼痛是有化学基础的，涉及神经递质的复杂过程，神经递质是发出疼痛信号的化学信使，此外，内啡肽是对疼痛作出反应而释放的天然镇痛剂。而计算机没有这样复杂的生物化学机制。

实际上，研发出能感受到疼痛（或等价的电器机制）的机器人是很有用的。疼痛是避免伤害的一个重要机制。我们将手从火焰上移开是对我们感受到的疼痛作出反应；而不是因为我们停下来，通过思考认识到高温会给我们的身体带来伤害。这是对疼痛的一种简单而迅速的反应。如果机器人能够体验到“疼痛”，就能以类似的方式对危险情况作出反应，从而避免受到伤害。我们可以编制一个寄存器，记录机器人的疼痛程度，并让它采取行动，尽量让疼痛保持在较低水平。但是较之于人类（和动物）感受到的真正痛苦，这种虚假的痛苦似乎并不具有同等的道德分量。

假设我们能赋予机器人相当真实的痛苦感受。这样做是否符合道德？如果它们真的能够感受到痛苦，我们将不得不为它们的苦难感到忧愁。这将大大限制它们的作用。我们可能无法让它们完成那些肮脏和危险的工作。

如果我们能够赋予机器人痛苦，可能还会更进一步。我们可能还要赋予他们恐惧，恐惧往往先于疼痛，从而防止受伤。但为什么止步于这两种情绪呢？让计算机拥有人类的全部情绪，让它们也能感受到快乐、悲伤、愤怒和惊讶，这难道不是更好吗？

如果计算机拥有所有这些人类情绪，它们会不会坠入爱河，创造出让我们流泪的音乐，写出诉说生活喜怒哀乐的诗篇？也许可以——但它们也可能变得焦虑、愤怒，变得自私并且发动战争。赋予计算机情绪可能引发一系列棘手的伦理问题。

5.5 AI= 外星智能（Alien Intelligence）

无论有没有情绪，人工智能都会与人类智能有很大不同。当我在公开场合谈论人工智能时，我提醒人们在关注“智能”这个词的同时，也要关注“人工”这个词。人工智能确实可能是非常人工的。它可能是与我们拥有的自然智能截然不同的智能形式。

飞行是一个很好的比喻。人工飞行（利用人类智慧设计出的飞行方式）与自然飞行（自然界进化出的飞行方式）有很大不同。人类制造的飞机可以绕地球一圈，速度超过音速，还能运载数吨的货物。如果我们只是竭力复制自然的飞行模式，我想我们现在还在望着天空中飞翔的鸟儿，站在地面拍打着我们的“翅膀”。

我们以与自然完全不同的方式解决了飞行问题：我们采用的是固定的机翼和强大的引擎，并没有采用移动的翅膀、羽毛和肌肉。自然飞行和人工飞行都应用了流体动力学中相同的纳维－斯托克斯方程，但它们对这个问题采取了不同的解决方案。自然界并不一定能够为任何问题提供最简单或最好的方法。

与自然智能相比，人工智能可能会提供一个非常不同的解决方案。我们已经知道，智能有不同的形式，因为人类不是地球上唯一的智能生命。自然界已经存在着其他不同形式的智能。

神奇的章鱼也许是所有无脊椎动物中最聪明的物种。这是不同智能的一个很好例子。章鱼可以打开被螺旋盖密封的罐子。章鱼可以使用工具，这通常是衡量智力的一个标准。章鱼在集体捕食时能进行合作和交流，这些技能也常常与智力相关。与章鱼打交道的人声称，它们能识别人脸并记住人。人类通常发现他们所捕获的章鱼具有不同的个性。看到纪录片《我的章鱼老师》（*My Octopus Teacher*）中令人惊异的场景，谁能不为所动？章鱼似乎不喜欢被人类囚禁，它们是著名的逃脱大师。对于章鱼保罗（Paul the Octopus）在2010年世界杯上预测足球比赛结果的能力，谁又不会感到惊叹呢？

与大多数其他无脊椎动物不同，章鱼已在多个国家受到保护，不会被人用于科学测试。例如，在英国，普通章鱼是唯一受1986年《动物（科学程序）法》[*Animals*（*Scientific Procedures*）*Act*]保护的无脊椎动物。该法案限制在任何实验或其他科学程序中使用章鱼，因为这可能对章鱼导致疼痛、痛苦、悲伤或持久的伤害。

那么我们对章鱼和人类智力之间的差异了解多少呢？包括人类在内的所有的动物都是相互关联的：我们只需在我们的进化树上回溯得足够远，就能找到一个共同的祖先。就人类和章鱼而言，那是很久很久以前的事情了。在大约六亿年前，章鱼和人类分道扬镳。从这个角度来看，这发生在恐龙统治地球之前。当人类在进化的历史中与章鱼分离的时候，当时最复杂的动物也只有几个神经元。因此，无论章鱼今天拥有什么样的智力，都是在与人类完全不同的道路上进化出来的。

而章鱼的进化结果是多么的不同啊！例如，太平洋巨型章鱼有三个心脏、九个大脑和蓝色的血液，并能在眨眼之间改变皮肤的颜色。虽然章鱼是水下生物，但章鱼不需要眨眼。章鱼的每条腿都能独立于其他七条腿来进行感知和思考。在某种程度上，章鱼九脑合一地协同工作。

那么，章鱼也许是地球上最接近于外星智能的生物。这可能是理解人工智能的最佳方式——将之作为一种外星智能，而非人工智能。而我们今天研发的有限的人工智能具有所有外星智能的外观，因为它与人类智能几乎没有相似之处。

例如，人类的感知力是非常稳健的。你可以颠倒眼前的图像，但这不会改变我们看待世界的方式。事实上，如果你戴上一副让外部世界完全颠倒的眼镜，你的大脑很快就会做出补偿，让世界的图像恢复到正确的方向。相比之下，计算机视觉是非常脆弱的。你只要将一幅图片旋转几度，就可以迷惑所有计算机视觉系统。事实上，你改变一个像素，就可以愚弄这些算法。计算机不再将这个图片标记为公共汽车，而是会将其标记为香蕉。对于自动驾驶汽车的研发者来说，这应该是非常令人担心的问题。计算机认识世界的方式与我们人类非常不同。

再比如，计算机理解语言的方式比人类更有统计性。你给谷歌一个句子，让它翻译成法语，例如“He is pregnant”（他怀孕了）。你会得到“Il est enceinte”的结果。根据统计，计算机会将“He”翻译为“Il”，“is”翻译为“est”，“pregnant”翻译为“enceinte”。从语法上讲，这样翻译是正确的。但计算机不具备人类的心理模型和理解方式。计算机不会构建一幅怀孕男人的心理图像，也不会想到海马——因为海马不是雌性怀孕，而是雄性怀孕。计算机也不会思考如果男性不得不生育，人类是否会崩溃。计算机是从统计学角度，而不是语义学角度来理解语言的。

正是出于这些原因，最好将人工智能视为外星智能。没有先验理由认为人工智能必须与人类智能相同。

5.6 机器人权利

由于人类与机器之间的这些差异，我们还没有赋予机器任何权利。我可以去实验室尽情地折磨我的机器人——让它们的电容过载。把它们的齿轮一个接一个地拆掉。政府部门根本不会在乎。

另一方面，人类有许多权利。如生命权、自由权和人身安全权，法律面前人人平等的权利，行动自由的权利。人类有权离开任何国家，包括自己出生的国家。大家可能已经发现了，我是在转述《世界人权宣言》（*Universal Declaration of Human Rights*）的内容。

当然，这并不意味着人类对机器人一点都不关心。在日本，当索尼停止生产可爱的AIBO机器狗时，一家电子公司开始在一座历史悠久的寺庙里举行佛教葬礼，告别那些无法修复的机器宠物。

波士顿动力公司（Boston Dynamics）——一家从麻省理工学院分离出来的机器人公司——在油管上发布了一些令人印象深刻的视频，其中人形机器人 Atlas 表演了后空翻和其他惊人技艺。波士顿动力公司在视频中还展示了样貌古怪的四腿机器人 BigDog 和 Spot。电视剧《黑镜》（*Black Mirror*）中一个可怕的情节就是受到它们的启发。然而，看到波士顿动力公司的机器人被反复撞击的视频后，人们的反应就很能说明问题。美国有线电视新闻网（CNN）刊登了一篇报道，标题为《用脚踢机器狗是否残忍？》某个网站发起了一场半开玩笑式的运动，以阻止虐待机器人。而谷歌的母公司 Alphabet 在不久之后决定将波士顿动力公司卖给软银（SoftBank）。我怀疑机器人在公共场合被虐待的视觉效果促成了这一决定。

抛开这种感情上的依恋——我们对自行车和其他融入我们生活的机器也有此类依恋，但它们显然不是智能的——人们对智能机器的保护很少。一旦机器变得更聪明，我们依然不会给予它们保护吗？当我们了解到其他动物会经历疼痛和痛苦时，我们就会给它们权利。一般来说，无脊椎动物的神经系统非常简单，而且据我们所知，它们对疼痛的感受力非常有限。因此，大多数国家的法律对无脊椎动物的保护很少。另一方面，因为哺乳动物有复杂的神经系统，人们给予它们广泛的保护，避免它们受到疼痛和痛苦的影响。

如果机器人无法体验到疼痛和痛苦，那么这可能意味着，无论它们变得多么聪明，它们都不需要任何权利。我们可以像对待其他任何机器一样对待它们。烤面包机没有权利。机器人经常被称为人类的仆人。它们可以从事人类生活中肮脏、枯燥、困难甚至危险的工作。但真正的问题不是它们是不是人类的仆人，而是它们是否仅仅是人类的私人财产。它们需要更多的权利吗？

5.7 索菲亚玩偶

2017年10月，由汉森机器人公司（Hanson Robotics）研发的令人惊叹的人形机器人，名为索菲亚（Sophia），被授予沙特阿拉伯的公民身份。汉森机器人公司的创始人大卫·汉森（David Hanson）非常擅长为其机器产品进行宣传。他让索菲亚成为世界上第一个机器人公民，因此成为全球头条新闻。

然而，索菲亚只不过是一个花哨的玩偶而已。大家应该知道，汉森以前是一名工程师，负责为迪士尼制作仿真机械玩偶。你可以在世界各地的主题公园找到这些奇妙的机械作品。但是，汉森机器人公司研发的索菲亚在人工智能方面的表现并不亮眼。她只是按照提前写好的人类演讲脚本进行表演。可以说，苹果公司的智能语音助手比索菲亚要聪明得多。

沙特阿拉伯是第一个授予机器人权利的国家，索菲亚获得了公民身份。但是，这个机器人只不过是一个玩偶。

授予机器人权利根本就是一个有缺陷的想法，这样的事情并不只是发生在沙特阿拉伯。2017年，欧洲议会提出：

> 从长远来看，要为机器人创设一个特殊的法律地位，以便至少使大多数复杂的自动化机器人可以被确

> 立具有如电子人（electronic persons）一样的法律地位，从而为其可能带来的任何伤害负责。或者，机器人在可以作出自动化决定或者与第三人自主交流时，要申请电子人格。

赋予机器人这种法律人格类似于赋予公司法人资格，从而能够为其行为负责。但近年来，我们不是一直在努力追究一些企业的责任吗？我们不是一直被烟草公司、石油公司和科技公司的不道德行为所困扰吗？引入另一种类型的人格，并期望它与社会的价值观保持一致，这似乎并不是什么好主意。如果机器人无法感受疼痛或痛苦，我们没有义务赋予它们权利，那么赋予它们人格是个好主意吗？

赋予机器人权利会带来一系列的问题。我们将不得不让它们对自己的行为负责。但我们怎么可能做到这一点？我们给人类（和其他动物）权利是为了保护他们的生命，因为生命是宝贵和有限的。但人工智能既不宝贵，也不有限。我们可以很容易地复制任何人工智能程序，而且这样的程序可以永远地运行下去。那么我们需要保护的是什么呢？

赋予机器人权利会给人类带来不必要的负担。然后，我们将不得不努力尊重这些权利。我们甚至不得不为了它们而牺牲人类自身的一部分权利。此外，届时，机器人可能无法完成保护人类权利的任务。因此，赋予机器人权利不仅在道德上是不必要的，而且从道德层面看，对那些本应享有权利的人类来说，这样做是有害的。

我们可以把这个问题分解成两个部分。机器人可以拥有权利吗？机器人应该拥有权利吗？第一个问题问的是，构成机器人（或其他人工智能）的成分是否让它具有道德能力。第二个问题是，考虑到机器人的形式，它是否应该享有某些权利。

我已经对机器人是否能拥有权利提出了疑问。今天的机器人（和其他人工智能）与人类之间存在一些根本性的差异（例如意识），这可能会使它们无法按照道德行动。而这种差异在未来是否会继续存在，目前还没有定论。我还对机器人（和其他人工智能）是否应该拥有权利提出了疑问。赋予机器人权利可能会给人类带来不必要的负担，甚至会削弱我们保护人类权利的能力。

5.8 人类的弱点

我已经谈到，与人类智能相比，人工智能具有一些劣势。例如，人工智能可能比人类智能更脆弱，更不具备语义处理的能力。但这并不是说人类具有全面的优势。人工智能在很多方面都比人类智能更有优势。

在很多问题上，人工智能已经超越了人类智能。目前世界上最好的国际象棋和扑克玩家都是计算机。计算机视觉算法可以比人类医生更快、更准确、更低廉地读取胸部 X 光片。最迅速的魔方求解器是机器人，而不是人类。

与人类智能相比，人工智能的一些优势是物理特性的。计算机比人类速度快。计算机以电子速度工作，比人脑的缓慢化学反应快得多。计算机可以比人脑拥有更多的内存，也可以比人脑调用更多的能源。

但人工智能的一些优势并不归功于其自身的优势，而是源自人类智能的弱点。例如，行为经济学是一种人类决策（并非最优的）示例目录。经济学家认为理性经济人（Homo economicus）是一个完全理性和最佳的决策人。现实是，人类既不是理性的，也不是最理想的。

一个例子是损失规避（loss aversion）。考虑投掷一枚硬币：如果反面朝上，你将赢得 1 001 美元；但如果正面朝上，你将输掉 1 000 美元。理性经济人认为这是必胜的游戏。玩 10 轮游戏，理性经济人预计自己会赚 10 美元。但大多数人甚至一次硬币都不会投掷，因为我们对损失的心理反应要大于对收益的心理反应。

另一个例子是风险规避（risk aversion）。再次考虑投掷一枚硬币，但是这次如果反面朝上，你将赢得 20 美元；但如果正面朝上，你将输掉 10 美元。我可以付你 9 美元在你家玩这个游戏吗？如果你自己玩这个游戏，你平均每轮会净赚 10 美元。但大多数人更喜欢确定性而不是风险，所以他们会选择只赚 9 美元。这并不是理性经济人的选择。

因此，人工智能可能是通往更理性和更优决策的道路。事实上，这就是 IBM 的人工智能程序沃森（Watson）能够在问答竞赛节目《危险边缘》（*Jeopardy!*）中击败人类的原因。它之所以获胜，并不是因为它更擅长回答一般知识问题。事实并非如此。沃森之所以获胜，在很大程度上是因为它比人类更擅长在答案上下注。

同样地，我们应该考虑到，计算机可能比人类更能按照道德的方式行事。这之所以可能，有多种原因。例如，计算机没有人类弱点，因此不会受到干扰。这样，计算机就能以更加利他的方式行事，总能选择牺牲自己来拯救人类的生命。

更关键的是，我们应该思考这样一种可能性：计算机不仅可以比人类表现得更有道德，而且也应该比人类表现得更有道德。如果我们可以用更高的标准来要求它们，那么在道德上，我们是否就有义务这样做呢？在下一章中，我们将考虑如何提出适当的伦理规则来确保计算机的行为比人类更符合伦理。

第 6 章

伦理准则

CHAPTER 6

6.1 最后的发明

I.J. 古德（I.J. Good）是一位杰出的数学家，他与艾伦·图灵一起，先在布莱奇利庄园，后来在曼彻斯特大学从事早期计算机的研究工作。他曾经为斯坦利·库布里克（Stanley Kubrick）制作的电影《2001 太空漫游》提供建议。他给英国女王写了一封著名的信，建议让他成为王室的一员，这样，人们就会说："好家伙（Good Lord），古德爵士（Lord Good）来了。"与这种幽默不同的是，古德对人类的最后一项发明做出了一个简单但相当令人担忧的预测：

> 人类的生存取决于超智能机器的前期建造……让我们把超智能机器定义为可以远远超过任何人类所有智力活动的机器。因为设计机器也属于智力活动之一，而超智能机器也可以设计出更好的机器；那么，毫无疑问会出现"智力爆炸"，人类将在智力方面被远远地抛在后面。因此，只要机器足够温顺，让我们知道如何控制它，第一台超智能机器将是人类的最后一项发明。奇怪的是，除了在科幻小说中，人们很少提到这一点。有时候，我们应该严肃地对待科幻小说……

为了处理这个控制问题，古德提出了一个简单的伦理准则，用来确保给人类带来良好的结果。他建议任何超智能机器应该遵循以下准则："你希望比你优势的人如何对待你，就如此对待比你劣势的人。"

这条规则并不是古德的原创，事实上，它有大约 2 000 年的历史。它来自古罗马皇帝尼禄（Nero）的顾问、斯多葛派哲学家小塞内加（Seneca the Younger）。根据历史，我们知道尼禄似乎没有听从塞内加的这个建议：他在统治期间行事残暴、荒淫放荡。

尽管古德提出的准则简单而优雅，但我担心它无法确保超智能机器具有良好的行为。首先，我们不希望机器人像我们对待它们那样对待我们。我们当然不希望每隔一段时间就被接入 240 伏的电压或者在晚上被切断电源。但是，即使这个准则是比喻性的说法，也是有问题的。我们人类不想做任何枯燥、肮脏、困难和危险的工作，我们将让机器人和人工智能来做这些事情。我重申我之前的建议，事实上，我们应该给人工智能制定比人类更高的伦理标准。因为我们可以做到这一点。难道不应该要求超智能机器人为我们做出牺牲吗？即使我们之中最谨小慎微的人也有潜意识的偏见，要求超智能的计算机没有这样的偏见，难道不应该吗？

6.2 科幻准则

也许最著名的人工智能道德准则来自科幻小说。1942 年，艾萨克·阿西莫夫（Isaac Asimov）提出了他著名的机器人三定律（Tree Laws of Robotics）。这三条定律要求机器人在不与人类命令相冲突的情况下保护自己。如果人类下达了命令，则在不伤害人类的前提下遵守这些命令。

阿西莫夫的机器人三定律：

第一定律：机器人不得伤害人类，或者目睹人类将遭受危险而无所作为。

第二定律：机器人必须服从人给予它的命令，当该命令与第一定律冲突时例外。

第三定律：机器人在不违反第一、第二定律的情况下要尽可能保护自己的生存。

遗憾的是，阿西莫夫的小说表明，这套精心设计的定律并不能涵盖所有可能的情况。例如，如果一个机器人必须伤害某个人以拯救其他几个人，那该怎么办？如果不管机器人是否采取行动都会伤害人类呢？如果两个人下达了相互矛盾的命令，机器人该如何行动？尽管有这样的担忧，阿西莫夫认为，机器人在成为超级智能之前，应该遵循他提出的三定律。

一旦机器人的用途变多，更加灵活，能够在不同的行为过程中作出选择，我将是否认为我的机器人三定律依然能够用于管理机器人的行为？每次碰到这样的问题，我都有明确的答案。我的回答是：“是的，三大定律是理性人处理机器人（或其他东西）的唯一方法。”但当我这样说时，我总会想到（非常可悲）人类并不总是理性的。

尽管阿西莫夫对他的三大定律具有强烈的信念，但和许多同行一样，我仍然怀疑这些定律是否足以确保机器人的行为符合伦理。阿西莫夫自己也承认，人类是不理性的，机器人将不得不应对人类的非理性行为。同样，他的定律也是不精确、不完整的。想要具有精确性，并且涵盖我们可能从未想象过的情况，这是一个很大的挑战。例如，在研发自动驾驶汽车的过程中，谷歌经历了一些离奇和意外的情况。有一次，谷歌的一辆自动驾驶汽车遇到了一位坐在电动轮椅上的老妇人，她正挥舞着扫帚追赶街上的一只鸭子。这辆汽车明智地停下来，拒绝继续行驶。

阿西莫夫定律的一个特点常常被忽视，那就是这些定律应该被硬性植入机器人的正子脑（positronic brain），没有办法规避它们。无论我们往机器人和其他人工智能系统中嵌入什么样的伦理规则，这些规则都需要被硬性植入。机器学习通常是人工智能系统的一个主要组成部分。而在机器学习中，程序是在数据中习得的，并随着时间的推移而发生改变。程序不是明确地被人编写出来的，因此，我们需要注意的是，不要让系统学会不符合伦理的行为。

6.3 负责的机器人

在过去的80年里，阿西莫夫定律在很大程度上被那些实际参与研发人工智能和机器人的人所忽视。人们认为这些定律只存在于科幻小说中，而不适用于科学事实。然而，很明显，在过去10年中，该领域一直酝酿着风暴云。包括我在内的许多人已经开始认真思考确保机器人不会做出流氓行为的必要性。

2009年，得克萨斯农工大学的机器人学教授罗宾·墨菲（Robin Murphy）和俄亥俄州立大学致力于改善高风险复杂环境下系统安全的教授大卫·伍兹（David Woods）提出了"负责任机器人的三定律"（The Three Laws of Responsible Robotics）。他们的目标不是要提供一套明确的伦理规则，而是要激发讨论。

他们的新规则与阿西莫夫的定律相差不大，因此并没有推动相关对话。然而，他们明确表示责任在于人类。伍兹说得很明白："我们的定律比阿西莫夫的三定律更现实一点，因此也更乏味一些。"

负责任机器人的三定律：

1. 如果人机工作系统（human-robot work system）没有达到安全和道德的最高法律和专业标准，人类就不能部署机器人。

2. 机器人必须根据人类的角色对人类做出适当的反应。

3. 在不违反第一定律和第二定律的前提下，机器人应被赋予符合情况的足够自主权，以保护其自身的存在，但是这种保护不得妨碍人类对机器人的顺利接管。

2010年，大西洋彼岸进行了一项更为雄心勃勃的尝试，以推进关于机器人规则的对话。英国政府资助人工智能研究的主要机构——工程和自然科学研究委员会（EPSRC）与艺术和人文研究委员会（AHR）一起，召集了一个小型专家小组，探讨开发机器人的规则，以负责任的态度最大化地为社会谋利。该小组包括技术、艺术、法律和社会科学方面的专家。会议的结果是公布了关于机器人的五项原则，这些原则是对阿西莫夫三定律的扩展。这五项原则不是作为硬性的法律，而是作为一份灵活的文件，目的是为辩论提供参考。

关于EPSRC/AHRC 机器人的五项原则：

第一项原则：机器人是具有多种用途的工具。除非出于国家安全的考虑，机器人的设计不应仅仅或主要用于杀死或伤害人类。

第二项原则：人类，而不是机器人，是责任的主体。机器人的设计和操作应尽可能地遵守现有的法律，以及包括隐私权在内的基本权利和自由。

第三项原则：机器人是产品。设计机器人所采用的程序应确保其安全性和可靠性。

第四项原则：机器人是人造制品。不应该以欺骗性的方式研发机器人以剥削处于弱势地位的使用者；相反，机器人的性质应该透明化。

第五项原则：应该能够确认谁对机器人负有法律责任。

这五项原则中的前三项对应阿西莫夫三定律。第一项原则对应阿西莫夫第一定律，旨在防止机器人伤害人类。但是它有一个国家安全方面的免责条款，这令人感到担忧。纳入这一条款令人失望，难道非致命的机器人就无法保证国家的安全吗？

第二项原则对应阿西莫夫第二定律，涉及责任。而第三项原则对应阿西莫夫第三定律，针对的是安全性和可靠性。另外两项原则引入了一些重要的新观点。第四项原则考虑了欺骗性和透明性。在许多关于人工智能和伦理的对话中，这两点已经成为重要的组成部分。而第五项也是最后一项原则涉及法律责任和问责机制。

除了对机器人可以为国家安全利益而杀人这一豁免原则外，我们很难对这五项原则提出反对意见。但这些原则带来了诸多问题。如果机器人从第三方学会了一些不良行为，谁应该对此负责：机器人的所有者、制造商、第三方，还是这三者的某种组合？第四项原则指出，机器人不应该欺骗处于弱势地位的使用者。这是否意味着机器人可以欺骗那些并不处于弱势地位的使用者？机器人是否应该具有人类的外表，从而掩盖它们的机器本质？

为了国家的安全利益，机器人可以杀人的想法是非常有问题的。为了国家的安全利益，机器人的行为就没有任何限制吗？机器人可以对恐怖嫌疑人进行刑讯逼供吗？或者说，人类的法律适用于机器人吗？国家安全不能凌驾于人类的基本生命权之上。

其他人继续在为机器人的规则添加细节。2016 年，英国标准协会（British Standards Institution）发布了该国第一个明确的机器人规则:《机器人与机器系统的伦理设计与应用指南》（*BS 8611 Robots and Robotic Devices: Guide to the Ethical Design and Application of Robots and Robotic Systems*）。该国家标准为机器人设计者评估并减轻与机器人相关的伦理风险提供了详细指导。

该指南列出了包括社会、商业和环境诸多领域内 20 种不同的伦理危害和风险。它们涉及机器人的安全设计以及将风险消除或减少到可接受水平的方法。已经识别出的风险包括信任的丧失、欺骗、侵犯隐私、成瘾和失业等更广泛的担忧。《卫报》（*The Guardian*）用一个精彩而简要的标题总结了这个 28 页的标准:"不要伤害，不要歧视。"

6.4 学术界的声音

2017 年 1 月，我应邀与 100 多名人工智能、经济学、法律和哲学领域的前沿研究工作者，以及伊隆 · 马斯克等一些知名人士一起，参加了在阿西洛马会议中心举行的会议，讨论人工智能和伦理问题。会场坐落在加利福尼亚州蒙特雷市美丽的太平洋岸边。这个会场是经过精心挑选的——不是因为其壮观的自然美景，而是因为它的历史和代表意义。

1975 年，一些研究人员来到阿西洛马参加了一场类似的会议，讨论刚兴起的 DNA 重组技术将带来的风险。与会的科学家商定了一套有影响力的准则，以安全地进行实验，限制生物危害物逃逸到环境中的可能性。1975 年的这次会议开启了科学政策中一个更加开放的时代。它开创了一个意义深远的先例，让科学家们提前确定新技术带来的风险，并制定保障措施来保护公众。

因此，当接收到 2017 年的会议邀请函时，与会者对这次会议的目标十分清楚。在会议结束时，我们对 23 项阿西洛马人工智能原则进行了投票，并达成一致。大家可能发现了这里的“通胀趋势”。古德只提出了一条规则，阿西莫夫提出了三大定律，然后是负责任机器人的 5 项原则，最后到阿西洛马尔会议商定的 23 项原则。

阿西洛马原则分为三个大的方面：研究性议题、伦理和价值观，以及更长期的议题。这些原则涵盖了广泛的伦理关切，从透明性到价值对齐、致命性自主武器和生存风险。

与 1975 年关于重组 DNA 的阿西洛马会议一样，这些预防性原则推动我们进行了许多讨论。在缺乏相关科学知识的情况下，预防性原则可以作为一种强有力的伦理和法律方法，以处理有可能造成伤害的改变。顾名思义，预防性原则强调，在推进可能被证明具有严重危害的活动时要谨慎，特别是当这些活动可能无法逆转时。

预防性原则分为 4 个相互关联的部分。第一，科学的不确定性要求对可能造成重大伤害的活动进行监管。第二，任何这样的监管控制都应该包含安全边际的观念。第三，当伤害可能很大时，应使用现有的最佳技术来防止任何不良后果。第四，应该禁止可能造成非常重大、也许是不可逆转的伤害的不确定活动。

考虑到人工智能的长期风险，例如超级智能的风险，预防性原则是一个合理的方法。然而，针对更直接风险的预防性原则也影响了我们在阿西洛马的大部分探讨。例如，鉴于我们对人工智能的短期社会影响的不确定性，第二项阿西洛马原则建议资助社会科学家等人员应对这些影响。

阿西洛马人工智能原则并没有像早期阿西洛马原则对重组DNA产生的影响那么大。本次会议偏向来自美国和欧洲的人工智能研究人员，而不是来自更广泛地区的人工智能研究人员，这没有什么建设性。此外，本次会议偏向于学术界的人工智能研究人员，而没有包括来自科技巨头公司实际部署人工智能的人，这也没有什么建设性。

当然，这次会议只持续了三天，很难想象会有什么更好的结果。人工智能引入了广泛的伦理问题——从隐私等当下的问题到超级智能等长期挑战，从技术失业等棘手的经济问题到致命性自主武器等难以解决的军事问题，从可持续性等重要的环境问题到不平等性等棘手的福利问题。在三天的讨论中，想让我们解决所有问题几乎是不可能的。

阿西洛马的23项原则看起来好像是由一个委员会编写的。这是在意料之中的。因为它们的确是由一个委员会编写的。我们能想到的一切都照单全收。我记得，我们几乎没有舍弃任何被探讨的内容。在许多原则中也不难发现漏洞。例如，为什么我们只担心高度自治系统中的价值对齐问题？就个人而言，我担心脸书和推特使用的简单算法中的价值对齐问题。我们如何才能实现这 23 项原则的许多预期成果，例如共同繁荣或人类尊严？

尽管有这些批评，阿西洛马人工智能原则还是产生了一些积极影响。特别是政界人士（尤其是在欧洲）已经开始更多地注意到围绕人工智能的伦理问题。

6.5 欧洲的领先地位

较之于其他任何地区，在确保负责任地使用人工智能方面，欧盟一直走在最前面。2018 年 6 月，欧盟委员会（European Commission）宣布成立人工智能高级专家组（High-Level Expert Group on AI）。这是一个由 52 名专家组成的小组，他们来自学术界、民间社会和工业界，由欧盟委员会任命，以支持欧洲人工智能战略的实施。

2019 年 4 月，经过广泛的公众咨询，人工智能高级专家组提出了部署可信人工智能的 7 项"关键伦理要求"。

（1）人的主体性和监督：人工智能系统应该赋予人类权力，使它们能够做出明智的决定并促进人类的基本权利。同时，需要建立适当的监督机制。

（2）技术的稳健性和安全性：人工智能系统需要具有适应性和安全性。为防止并最小化无意的损害，人工智能系统除需具备准确性、可靠性和可重复性等技术特质，同时也需在出现问题前制订完善的后备计划。

（3）隐私和数据管理：除了确保充分尊重隐私和数据保护之外，还必须确保适当的数据管理机制，同时考虑到数据的质量和完整性，并确保对数据的合法访问。

（4）透明性：资料、系统和人工智能的商业模式应该是透明的。可追溯性机制有助于实现这一目标。此外，应以利益相关方能够理解的方式解释人工智能系统及其决策模式。人类参与者和使用者需要意识到他们正在与人工智能系统进行互动，并且必须了解该系统的功能和限制。

（5）多样性、非歧视性和公平性：必须避免不公平的偏见，因为它具有多重负面影响，会造成弱势群体的边缘化以及偏见和歧视的加剧，等等。为了促进多样性，人工智能系统应该对所有人开放——无论是否有残疾，并让利益相关方参与它的整个生命周期。

（6）社会和环境福祉：人工智能系统应该让包括我们后代在内的所有人类受益。因此，它们必须具有可持续性，并且对环境友好。此外，它们应考虑到包括其他生物在内的环境，而且应仔细考虑相应的社会影响。

（7）问责制：应建立机制以确保对人工智能系统及其结果的责任和问责。可审计性能够评估算法、数据和设计过程，在这里（特别是在关键应用中）发挥着至关重要的作用。此外，应确保充分、可用的补救措施。

欧盟在监管数字空间方面有着影响深远且受人尊敬的历史。2016 年，欧洲议会和欧盟理事会通过了《通用数据保护条例》。该条例于 2018 年 5 月生效。尽管最初让人担忧，但事实证明，它有效地归还了消费者部分个人隐私。美国加利福尼亚州通过了类似的数据保护法，并于 2020 年 1 月 1 日生效。在这种情况下，正如奥斯卡·王尔德（Oscar Wilde）所说，模仿是最真诚的奉承。

欧盟委员会是欧盟的执行机构，它也对一些科技巨头处以创纪录的罚款，从而促进其改进自己的行为。在过去 5 年中，欧盟总共开出了超过 130 亿美元的罚单。最大的一笔罚款超过 50 亿美元，是针对谷歌滥用安卓操作系统的竞争优势而开出的罚单。具体地说，50 亿美元相当于谷歌年收入的 4%。

欧盟提出的伦理指南非常好。如果你想到欧洲把 52 位最好的技术、法律和其他领域的专家聚集在一起，并给他们一年的时间来审议这些问题，你就会知道这份指南的分量了。该指南将许多问题放在非常高的层次上，但这可能是有必要的。因此，挑战在于使这些原则具有可操作性。

例如，你要如何制定出硬性和软性的法律，使人工智能系统确确实实地具有透明性？为了确保问责到位，我们是否需要强制要求自动驾驶汽车等自主系统配有黑匣子，从而记录任何事故发生前的数据？此外，在研发人工智能系统时避免偏见的确切含义是什么？我们如何激励和监管相关公司建立具有包容性的人工智能技术？我们又如何确保人工智能系统考虑到相应的社会影响？

6.6 伦理潮流

许多国家已经加入了人工智能和其伦理建构的行列，并提出了他们自己的国家准则。澳大利亚、英国、法国、德国、印度、日本、新加坡和加拿大就是其中最突出的例子。像二十国集团（G20）、联合国人权事务高级委员会和世界经济论坛这样的国际机构也制定了自己的伦理框架。有 42 个国家已经采用了经济合作与发展组织（OECD）5 个基于价值的人工智能原则。

但事情并没有止于此。非政府组织，如“算法监视”（Algorithm Watch）、“民享人工智能”（AI4People）、“电气与电子工程师协会”（IEEE）和“未来研究所”（Institute for the Future）等纷纷提出了更多的伦理指南。而包括谷歌、微软、思爱普（SAP）、IBM、埃森哲（Accenture）和普华永道（PricewaterhouseCoopers）在内的众多公司，都提出了自己的伦理框架。谷歌甚至表示，它将开始向其他公司出售伦理框架作为一种服务。

我们不得不得出这样的结论：在这个领域，文字可能非常廉价。在人工智能的使用上，我们真的需要更多的伦理框架吗？在不同框架中提出的伦理原则之间是否真的有任何实质性的差别？我们如何超越文字的迷雾，给公众提供真正的保护？

6.7 人的权利，而非机器人的权利

一种可能的方法是将人工智能伦理学建立在人权之上。该论点认为，围绕人工智能的许多伦理问题涉及诸如平等权、隐私权和工作权在内的人权。如果我们正在寻找可能适用的国际共识或现有立法，那么人权就是这样一种已达成的共识和已制定好的规则。

目前，人工智能领域肯定需要保护人权。考虑到人工智能对人权的影响，我们需要更多（而不是更少）地尊重因此而产生的基本关切。但人权是我们应该寻求的一个下界限（lower bound）。我非常怀疑，我们是否应该寻求在国际层面对人工智能进行规范，就像我们对许多人权状况的规范一样。

伦理需要权衡。例如，个人权利和群体权利之间存在一些基本的矛盾。你的言论自由可能侵犯了我的隐私权。我们如何解决这些矛盾，取决于我们所处的国家。例如，美国可能把个人的权利置于更广泛的社会权利之上。

这正是为什么存在许多人工智能伦理框架的原因。对于特定的伦理价值，每个框架强调的重点都不同。我们如何在公平性、透明性、可解释性、隐私和稳健性之间确定优先次序？现

实是，并没有一个现存的解决方案，当然也没有一个能在国际层面上达成一致的解决方案。

历史在这里提供了一个很好的类比。人工智能经常被比作电力。像电力一样，人工智能将成为一种普遍的技术，出现在所有家庭、办公室和工厂。像电力一样，人工智能将出现在几乎所有设备中。事实上，它将成为这些设备的操作系统，让我们的智能音箱、智能冰箱和智能汽车拥有智能。如果我们回到一个世纪前，当时电力革命正改变着这个世界，就像今天人工智能革命开始改变世界一样。但我们没有在国际层面对电力进行监管。在电压、频率、插头引脚数量和形状达成一致相对比较容易，但由于各种原因，我们并没有这样做。

人工智能将比电力更复杂，更难监管。在人工智能诸多棘手的问题上，很难想象我们能够达成什么有意义的全球共识。例如，我们应该对面部识别软件的（错误）使用施加什么限制？某些决策软件的“公平性”究竟意味着什么？我们如何确保自动驾驶汽车具有足够的安全性和可靠性，从而可以在公共道路上行驶？

6.8 这不是第一次

如果对人权的关注不是最好的方法，那什么才是？也许历史可以提供更多的线索。人工智能并不是第一个触及我们生活的技术，我们发明的其他每项技术都带来了伦理挑战。以约翰内斯·古腾堡（Johannes Gutenberg）在 15 世纪发明的印刷机为例。这无疑是过去500年中最具变革性的技术之一。然而，正如马克·吐温（Mark Twain）在1900年所写的那样，它所带来的并非都是人类生活的改善：

全世界都承认，古腾堡的发明是世间历史记载的最伟大事件。

古腾堡的贡献创造了一个全新、美妙的世界，但同时也创造了一个全新的地狱。在过去的500年中，古腾堡的发明为地球和地狱带来了新的事件和新的奇迹，并让地球和地狱都进入了全新的阶段。

它使真理在地球上蓬勃发展，并为真理插上了翅膀；但它也让谎言广为传播，也为谎言提供了双翼。

科学曾经在世界的角落潜行，受到诸多的迫害；古腾堡的发明赋予科学在陆地和海洋前行的自由，使它成为每个人都能接触到的东西。

备受摧残的艺术和工业获得了全新的生命。在中世纪，宗教曾经占据了暴虐的统治地位，现在则变成了人类的朋友和恩人。

另外，在相对较小范围内进行的战争，通过印刷这个媒介，成为全球性的战争。古腾堡的发明在给一些国家带来自由的同时，也给其他国家带来了奴役。

它成为人类自由的开创者和保护者，但它使以前不可能的专制成为可能。

今天的世界，无论好坏，都要归功于古腾堡。所有的事情都可以追溯到这个源头，但是我们一定要对他表示敬意，因为他在梦中对那个愤怒的天使所说的话，确实应验了，他伟大的发明所造成的恶果，已经被人类所得到的恩惠千倍地掩盖了。

我们能从过去的发明（如印刷机）历史中学习吗？事实上，尽管印刷机有着巨大的影响，但它并不是一个可资借鉴的例子。当印刷机刚出现时候，人们似乎很少考虑到它可能会造成的动荡。

书籍已经以深刻的方式改变了世界。马克思和恩格斯的《共产党宣言》和托马斯·潘恩的《人的权利》等政治书籍挑战了我们管理社会的方式。亚当·斯密的《国富论》和凯恩斯的《就业、利息和货币通论》等经济著作改变了我们经济运行的方式。而达尔文的《物种起源》和牛顿的《自然哲学的数学原理》等科学书籍改变了我们对周围世界的理解。很难想象15世纪的人能够预测到以上这一切，当时，人们最初使用印刷机只是想以更低廉的价格发行《圣经》。

6.9 医学之鉴

让我转而谈谈另一个领域。我们常常担心该领域的新技术对人类生活的影响。这个领域就是医学，它可以作为讨论人工智能伦理的更好模型。伦理学一直是医学的主要关注点，这并不奇怪，因为医生经常要处理生死攸关的情况。因此，医学使用了一些非常成熟的伦理原则，引导技术影响我们的生活。

事实上，我将论证，如果我们把机器自主性这个棘手的问题放在一边，医学的伦理原则可指导人工智能的发展。在过去的2000年中，人们制定了四项核心伦理原则来指导医疗实践。

医学伦理学中通常考虑的前两个原则是“有利”（beneficence）和“不伤害”（non-maleficence）。这两个原则密切相关。“有利”的意思是“做有益的事”，而“不伤害”的意思是“不造成损伤”。有利原则指的是在治疗的收益和对应的风险和成本之间达到平衡。具有净收益的医疗干预被认为是符合伦理的。另一方面，“不伤害”是指避免造成损伤。当然，伤害并不是可以彻底避免的，但任何潜在的伤害都应该与潜在的收益相称。

事实上，在欧洲指南里出现的大多数人工智能原则、阿西洛马原则或其他许多框架都是为了确保有利和不伤害。例如，稳健性是必要的，这可以避免人工智能带来不必要的伤害。隐私侵犯是人工智能可能导致的一种常见伤害。认为人工智能系统应该造福于全人类，同时也应该保护环境，则是遵循有利原则。

医学伦理学中普遍考虑的第三个原则是自主性。它要求从业者尊重患者，使其享有在被告知的情况下对自己的诊疗方案做出选择的权利。在进行任何医学治疗之前，患者的同意是必不可少的。而患者需要了解所有的风险和益处，在做出决定时不受胁迫。

同样，欧洲制订的指南和其他地方提出的许多人工智能原则都重视人类在与人工智能系统互动时的自主性。例如，“人的主体性和监督”就是对人类自主性的尊重。透明性等其他原则让自主性成为可能。尊重人类自主权解释了为什么要避免人工智能具有欺骗性。

医学伦理学中普遍考虑的第四个也是最后一个原则有点儿模糊，它就是正义原则。这要求我们公平分配利益、风险、成本和资源。特别是，正义原则要求前沿医疗技术造成的负担和带来的收益均等地分配给社会上所有的群体。

同样地，欧洲制订的指南和其他许多人工智能原则都是在追求正义。人工智能系统应该是公平的，不应具有歧视性。人工智能系统也应该是透明的，并提供解释，让人们能够看到正义的实现。

当然，人工智能不是医学。医学普遍采用的四项伦理原则是非常好的起点，但到目前为止，这还不是我们所需要的终点。与医学相比，人工智能没有医学中的共同目标和受托义务。人工智能也缺乏医学中长期而丰富的专业历史和规范，而正是这些规范确保这些伦理标准得到遵守。此外，人工智能需要借鉴医学中强大的法律和专业结构，从而确保问责制的实现。

6.10 对权力的关注

随着围绕人工智能和伦理的讨论变得越来越复杂，一些对话已经转向了对权力的考虑。谁从这个系统中受益？谁可能受到伤害？人们可以选择退出吗？该系统是否存在歧视，会不会增加已经困扰我们社会的系统性不平等？该系统是否正在使世界变得更美好？

这些都是非常重要的问题。但权力并不必然凌驾于伦理之上。权力并不总是坏事。权力可以是有益的。从甘地（Gandhi）到曼德拉（Mandela），有些领导人在行使权力时并不想伤害他人。同样，那些无权无势的人的行为可能很糟糕。尽管不存在任何权力机制，但伤害也可能发生。

专注于权力而不关心伦理问题会带来其他风险。原本不涉及权力的问题可能也会变成权力之争。这些权力结构中的友好声音可能显得格格不入，人们甚至指责这些友好的声音会带来伤害，而这些伤害正是他们试图通过特权地位竭力避免的。关于权力的争论常常把辩论变成输赢之争，并不是通过讨论让所有人都获益。

还有许多其他需要避免的伦理陷阱。公平（或透明等其他任何价值）并不意味着你是有道德的。我们不能将伦理简化为一个简单的清单。我们无法利用一套通用的伦理价值来调整我们的人工智能系统。同样，符合伦理的系统和不符合伦理的系统之间也不是简单的二分法。而且我们需要敏感地认识到，随着环境的变化，伦理的权衡也会发生变化。在需要避免的众多陷阱中，这些只是其中的一部分。

著名哲学家丹尼尔·丹内特（Daniel Dennett）对人工智能系统的伦理行动能力持悲观态度：

> 就其目前的表现形式而言，人工智能是寄生于人类智能的。它不分青红皂白地吞噬人类创造者所生产的任何东西，并提取其中的模式——包括我们极其有害的一些习惯。这些机器（还）没有自我批评和创新

的目标、策略或能力，因此，它们无法通过反思自己的思维和目标来超越自身的数据库。

很明显，我们还有很长的路要走，但这是可以预期的。这些都是复杂而难以解决的伦理问题，是我们几千年来一直努力想要解决的。认为我们可以提出快速简单的答案，是非常错误的。人工智能引发了一些紧迫需要解决的伦理问题，其中一个关乎公平性。在下一章中，我将探讨算法如何促进或者损害我们决策的公平性。

第 7 章

公平性

CHAPTER 7

很多例子都体现了人工智能决策的公平性问题。更为复杂的是，我们还没有一个解决此类问题的精确手册。部分原因是，对于其中一些问题，现在处理还为时尚早。但这也是因为其中许多问题可能不会有简单的解决方案。

在一个公正和公平的社会中生活，公平性问题是核心问题。这是人类在相互交往中一直努力解决的问题，而我们的答案也在不断演进。人工智能使其中一些公平性问题更为突出。然而，尽管这些问题中的许多都没有很好的答案，但我还是会总结出十几条有价值的经验教训。

在我们研究这些挑战之前，我想谈谈自动化决策的诸多潜在好处，这些好处可以让世界变得更加公平。第一，将决策权交给计算机可以提高一致性。人类在进行决策时可能是任性的、随机的。另外，计算机程序的顽固性也可能是令人恼火的。当它们持续地出错时，我们往往就会意识到这一点。

第二，自动化决策有可能比人类决策更透明。人类在做决定时非常不透明，我们也不确定我们能否真正理解并记录我们的决策过程。尽管今天许多自动化系统不容易被人理解，但我们没有根本性的理由认为我们在未来无法使它们更加透明。

第三，人类的决策充满了无意识的偏见。我们可以努力消除这些偏见，但即使是我们中的佼佼者也很难做到这一点。我们所有人都会下意识地根据性别、种族和其他属性做出决策，尽管我们知道自己不应该这样做，也在努力避免这样做。当我们将决策自动化后，我们只需要将这些属性排除在机器数据之外就行了。消除偏见并非如此简单，但这至少可能是迈向更公平决策的第一步。

第四，也许是最关键的一点，自动化决策可以更多地以数据为导向，以证据为基础。在很多情况下，人类是基于直觉来做决定的。但是，在很多场合，现在我们可以收集和分析数据。因此，我们可以首先确定我们的决策是否公平。如果决策不公平，我们可以考虑调整决策以提高公平性。

7.1 突变算法

2020 年 8 月，我们看到了可能是第一次（但我怀疑不是最后一次）对某种算法的抗议游行。由于新冠疫情的大流行，英国学校的学生无法参加 A-level（普通教育高级程度证书）或 GCSE（普通中等教育证书）考试。取而代之的是，教师根据一种算法来预测并分配成绩。

根据英国资格与考试监管办公室（Ofqual）的说法，经过算法调整后，大约 40% 的考生成绩低于教师评估，降低了一个或更多的等级。学生们走上伦敦的街头进行抗议。政府很快就屈服，恢复了教师评估的成绩。首相鲍里斯·约翰逊（Boris Johnson）将这次失败归咎于“突变算法”。但是，这个算法并没有什么突变之处。就我们所知，算法尽职尽责地完成了任务。

问题是，Ofqual 没有仔细考虑公众对公平性的想法。

我们永远无法知道这个算法的准确度，因为学生们根本就没有参加期末考试。但值得指出的是，教师并不那么擅长准确地估计出学生的成绩。在苏格兰，每年都会收集教师的预估成绩，正常年份只有 45% 的学生达到预估成绩。我们不应该期待在 2020 年这样一个特殊年份，教师对成绩的评估比往年更加出色。还有一点值得指出，人类的评分通常也是相互不一致的。除了数学和科学，对于同一份试卷，30% 的 A-level 评分人员会给出不同的分数。

因此，我们应该打开心量，不要对 Ofqual 算法的准确性过于挑剔。毕竟，该算法旨在提供与往年相似的整体成绩分布，每个科目的成绩分布比例都差不多。事实上，与最近几年的趋势相似，它甚至允许 A 级和 A* 的数量略有增加。Ofqual 甚至还检查了不同子类别（例如，按性别、种族和家庭收入）取得的成绩，看看比例是否与近几年的情况相符。

然而，很快就可以看出，即使 Ofqual 的算法和人类评分员一样准确，但它还是偏向于某些群体，而对其他群体不利。特别是，它偏向于前几年表现良好的学校的学生以及班级规模较小的科目。或者，换句话说，它对贫穷的公立学校的学生有偏见，而对富有的私立学校的学生有利。

这种情况是如何发生的？该算法试图确保某个班级学生所取得的成绩范围和分布与前三年同一班级的学生相似。这方面的例外是小班——在大多数情况下指少于 15 人的班级——由于缺乏数据算法，所以采用了教师预估的成绩。最终的结果是，平均来说，该算法是公平的，提供了与过去几年类似的成绩分布。但是，不公平性体现在对公立学校学生有很大的偏见——尤其是对比较贫困的地区，而对私立学校的学生则有过高的偏爱。小规模的教学小组以及不太受欢迎的 A-level 课程（如法律、古希腊语和音乐）在私立学校更常见，因此这些学生的分数不会被降低。而且，从历史上看，精英学校和私立学校的 A-level 成绩一直较高，给 2020 年的学生留下了更高的成绩范围。

我怀疑，即使 Ofqual 避免了这些偏见问题，他们也会遇到麻烦。有些学生会占便宜，有些学生会倒霉。占了便宜的学生不会大喊大叫，但可以肯定的是，倒了霉的学生会大声抱怨。因此，Ofqual 面对的是不可能完成的任务。政府应该慷慨一些，接受 Ofqual 会给某些人打出更高分数的事实，并通过资助，提供更多的大学入学机会，以此进行补偿。

如果采取其他领域（例如医学）用来指导决策的伦理原则，我们可以看到这种评分算法没有满足公正性的原则。负担和收益并没有在社会的所有群体中平均分配。来自贫困公立学校的学生比来自富裕私立学校的学生更有可能被调低分数。这里面没有公正性可言。

实际上，评分算法还暴露了考试制度的两个基本问题。第一，它强调了保留人的能动性是多么重要，尤其是在高风险的决策中。在考试的情况下，人们觉得他们具有能动性，因为他们期待自己在考试中取得好成绩。但是，让算法在没有考试的情况下给学生一个预测的成绩，不管预测有多准确，都剥夺了他们的能动性。

第二，评分算法暴露并放大了公共考试系统的一个基本问题。自从人类开始评分以来，其实这个问题就已经存在了。简单地通过评分对全国学生进行排名，并根据排名决定大学录取名额等改变学生人生的大事，这本身就有问题。你的人生选择应该由某天下午的考试表现来决定吗？这似乎比一时兴起的算法好不了多少。事实上，算法无法修复已经破碎的系统。算法继承了所在系统的诸多缺陷。

7.2 预测性警务

人工智能算法获得应用的另一个富有争议的领域是预测性警务（predictive policing）。这听起来像电影《少数派报告》（*Minority Report*），但实际上要简单得多。我们无法预测某人何时会犯罪，人类不是那么容易预测的，但我们可以预测平均来说犯罪会在哪里发生。

我们有很多关于犯罪的历史数据——警务事件报告、判刑记录、保险索赔等。而在大多数地区，没有足够的警察资源来进行全方位的巡逻。那么，为什么不使用机器学习来预测最有可能发生犯罪的地点和时间段，并将警务资源集中在这些地点和时间段呢？

2011 年年底，《时代》杂志将预测性警务（与火星车和苹果智能语音助手一起）列为该年度 50 项最佳发明之一。预测性警务现在被美国多个州的警察部门使用，其中包括加利福尼亚州、华盛顿州、南卡罗来纳州、亚拉巴马州、亚利桑那州、田纳西州、纽约州和伊利诺伊州。在澳大利亚，新南威尔士州警察局有一个更加邪恶的秘密算法，它预测的不是犯罪可能发生的时间和地点，而是谁有可能犯罪。随后，这些人会受到当地警方额外的审查和监控。一份分析警方数据的报告发现，25 岁以下的人和原住民往往不公平地被锁定，此外，该算法基于“歧视性假设”做出决策。

这里有几个基本问题。第一，我们拥有的并不是真实数据。我们想预测犯罪发生的地点和时间以及谁将对此负责，但我们根本无法知道这些。我们只有关于犯罪报告显示的历史数据。对于很多已经发生的犯罪行为，我们并不知情。

第二，我们拥有的数据反映了数据收集系统的偏见。也许警察在贫困社区的巡逻频率更高。因此，这些社区报告的犯罪率更高，可能仅仅是巡逻次数增加的结果。或者说，这可能是警察局内部种族主义的结果，只是表明在这些社区有更多的黑人遭到拦截和搜查。

第三，根据这样的历史数据预测未来的犯罪，只会延续过去的偏见。在此，我要改编作家和哲学家乔治·桑塔亚纳（George Santayana）的一句名言：“那些利用人工智能从历史中学习的人，注定要重复历史。”事实上，这样做比重复历史更糟糕。这样做可能会形成反馈循环，从而放大过去的偏见。我们可能会派更多的巡逻队前往更贫穷的、以黑人为主的社区。这些巡逻队会在那里发现更多的犯罪。当系统学会向这些社区派出更多的巡逻队时，一个不幸的反馈循环就建立起来了。

7.3 判决

人工智能算法已经在司法系统的另一个领域获得支持，即帮助法官决定某人是否可能重新犯罪。现在全世界各地使用的风险评估算法有数十种。其中最令人担忧的是由北角公司（Northpointe）开发的“罪犯替代性惩教管理分析系统”（COMPAS）工具。尽管人们对其公平性有很大的担忧，但它仍然在美国各地广泛使用，帮助法官判定某个人重新犯罪的风险。

2016 年，调查性新闻组织 ProPublica 发表了一份关于 COMPAS 工具准确性的批判性研究。他们发现：“黑人被贴上高风险标签的可能性几乎是白人的两倍，但实际上他们并不会重新犯罪”，而该工具“在白人群体则犯了相反的错误：白人比黑人更有可能被贴上低风险的标签，但他们会继续犯下其他罪行”。

即使忽略这些种族偏见，ProPublica 还发现，其实该工具并不擅长预测那些有可能重新犯罪的人。在预测会实施暴力犯罪的人中，实际只有五分之一的人会继续这样做。如果考虑到所有可能的犯罪，而不仅仅是暴力犯罪，这并不比抛硬币准确性更高。通过该工具预测的重新犯罪的人中，只有 61% 的人在两年内被捕。

北角公司对 ProPublica 的说法进行了反击，对他们的分析和结论都提出了异议。在讨论这些细节之前，让我先讨论一下更广泛的伦理问题：我们是否应该在一开始的时候就使用这样的工具？假设我们可以研发一种工具，可以比人类法官更准确地预测那些可能重新犯罪的人，那么从伦理上讲，难道我们不应该使用它吗?

我相信，文学给这个问题提供了一个很好的答案。从个人的立场来说，我不希望在这样的世界中醒来，我不想让机器决定我们的自由。有很多故事都描绘了这样一个世界的黑暗景象。我们将社会中一些最重要的决定交给人类法官，是有充分理由的。我们不应草率地改变这一现状。人类法官可以为他们的决定负责，机器则不能。

COMPAS 等工具的众多支持者争辩说，它们仅用于为法官提供建议，最终仍由人类做出决定。然而，有大量的心理学证据表明，对来自自动化工具的建议，人类带有深刻的偏见，会忽略掉矛盾的信息，即使这些矛盾的信息是正确的。这种现象被称为“自动化偏见”。我们倾向于相信计算机告诉我们的信息，即使这些信息与我们拥有的其他信息发生冲突。

让我举一个经典的案例。1995 年 6 月，“帝王之尊”（Royal Majesty）号游轮的领航员过于信任电脑航向仪，忽视了与其定位相冲突的信息——例如一名瞭望员发现“正前方有蓝白相间的巨浪水域”。对领航员来说，不幸的是，GPS 的天线松动了，所以航向仪使用的是推算定位，而不是准确的卫星定位。由于强烈的潮汐和风暴，“帝王之尊”号游轮偏离航线 17 英里（约 27 千米），驶入南塔克特岛附近臭名昭著的“玫瑰与皇冠”浅滩。在搁浅了一天后，这艘船才被拖船拖走。

以下这个简单的理由可以预见像 COMPAS 这样的判决工具会出现自动化偏见：法官有一种自然的倾向，即谨慎行事，遵从任何工具的建议。特别是在美国，许多法官是由选举产生的，当自动工具预测某个凶残的罪犯会重新犯罪时，谁愿意冒险释放他？如果法官忽视了这个工具的建议，导致罪犯重新犯罪，这将损害他们连任的机会。

对于将判决决定明确或隐含地交给计算机的行为，抛开伦理上强烈的反对论点，还有强烈的社会学和技术论据表明，绝对不能使用像COMPAS这样的判决工具，它的设计非常糟糕，做出的决定也非常糟糕。让我首先评论一下它的设计。

COMPAS的输入信号是对137个问题的回答。COMPAS的设计者显然不希望该软件带有种族主义色彩，所以种族不是输入的信息之一，但邮政编码（ZIP code）是。而在美国的许多地方，邮政编码能够很好地体现出种族属性。任何像样的机器学习工具都会很快发现种族和邮政编码之间的关联性。

COMPAS的许多其他输入信息也令人不安。请看一下被告必须回答的一些问题：

31. 以下哪一项恰当地描述出你的成长环境？

○ 亲生父母

○ 亲生母亲

○ 亲生父亲

○ 亲戚

○ 被人收养

○ 曾被寄养

○ 其他方式

32. 如果你的父母后来分居，他们分居的时候你多大？

○ 5 岁以下

○ 5 到 10 岁

○ 11 到 14 岁

○ 15 岁及以上

○ 不适用

35. 据你所知，你有没有兄弟或姐妹曾被逮捕过？

○ 没有

○ 有

55. 在过去的 12 个月里，你搬过几次家？

○ 从未

○ 1 次

○ 2 次

○ 3 次

○ 4 次

○ 5 次及以上

95. 你感到无聊的频率是多少？

○ 从未

○ 一个月若干次

○ 一个星期若干次

○ 每天都会

97. 你同意或反对以下内容的程度——你有时会感到不快乐?

○ 强烈不同意

○ 不同意

○ 不太肯定

○ 同意

○ 强烈同意

我们真的想根据某人是否无聊或不快乐来做出判决吗?或者根据其他家庭成员是否被逮捕过来做出判决?或者根据他们几乎无法控制的事情,例如成为孤儿或在房东出售房产时不得不搬家?在这一点上,你不得不提出质疑:COMPAS 的开发者在想什么?

这突显了机器学习中的一个常见错误,即我们将相关性和因果性混为一谈。大多数罪犯很可能来自破碎的家庭。犯罪和不幸福的童年可能以某种形式相关联。但以此假定因果性是错误的,也就是说,不幸福的童年并不一定导致犯罪。而惩罚那些拥有不幸福童年的不幸之人更是错误的。

我们应该小心,不要基于这种混乱去开发人工智能系统。一个人在不幸的童年生活中经历了许多磨难,好不容易长大成人,还要面对来自自动化工具的制度性和系统性迫害,对他来说,这是多么大的不公平?

7.4 预测错误

COMPAS 的一个基本问题是，它的预测不是很准确。也许最糟糕的是，有两种更简单、争议更少的方法，其预测结果与 COMPAS 的预测结果一样准确，其中第一种方法几乎可以肯定偏见较小。

第一种与 COMPAS 工具功能相当的方法是一个简单的线性分类器。它只使用了 COMPAS 所使用的 137 个特征中的两个：年龄和历史前科的次数。我们不需要 COMPAS 为了达到准确性所输入的其他 135 个特征，因为其中许多特征令人感到担忧。

第二种与 COMPAS 一样精确和公正的方法是随机请没有刑事司法专业知识的人在亚马逊的“土耳其机器人”（Mechanical Turk）上进行预测。你告诉他们关于被告的一些事实，如性别、年龄和以前的犯罪历史，但不必提供种族信息。然后你付 1 美元，让他们预测这个人在两年内是否会重新犯罪。这些预测的准确率中位数为 64%，几乎与 COMPAS 65% 的准确率相同。

让我们抛开 COMPAS 预测的不准确性，转而关注种族偏见的问题。我们正试图预测未来，而未来本来就是不可预测的。也许你不可能做到非常准确，但这并不是有种族偏见的借口。问题是，COMPAS 的偏见对黑人不利，对白人有利。特别是，COMPAS 更有可能建议将不会再犯罪的黑人关起来。同时，COMPAS 更倾向于建议将那些会重新犯罪的白人释放，让他们回归社区。

我们应该对这样的种族不公正现象感到愤慨。黑人被不公平地关押，而本该被关押的白人却被释放了。那么，面对来自

ProPublica 的抱怨，北角公司如何能严格地捍卫 COMPAS 工具的公平性呢？事实证明，公平性有几个不同的数学定义。北角公司选择了与 ProPublica 不同的定义，根据北角公司的定义，COMPAS 工具做得不错。

事实上，关于公平性，目前机器学习界至少有 21 种不同的数学定义。可以看到，这些公平性的定义中有许多是相互不兼容的。也就是说，除了数据差别非常小的情况（比如两个完全无法区分的群体），没有任何预测工具可以同时满足两个及以上的公平性定义。

为了理解为何有这么多不同的方法来定义公平，我们需要通过“混淆矩阵”的视角来查看 COMPAS 等工具的预测方式。这是对该工具正确和错误预测数量的总结。我们将该工具的性能降低到 4 个数值：真阳性（true positive，预测会重新犯罪，并且实际重新犯罪的人数），真阴性（true negative，预测不会重新犯罪，并且没有重新犯罪的人数），假阳性（false positive，预测会重新犯罪，但没有重新犯罪的人数）和假阴性（false negative，预测不会重新犯罪，但实际重新犯罪的人数）（见表 7–1）。

表 7–1　COMPAS 工具用于预测犯罪的“混淆矩阵”

混淆矩阵	没有重新犯罪	重新犯罪
预测不会重新犯罪	# 真阴性	# 假阴性
预测会重新犯罪	# 假阳性	# 真阳性

ProPublica 从佛罗里达州布劳沃德县治安官办公室获得了

2013 年和 2014 年的 COMPAS 预测数据。他们选择布劳沃德县，是因为它是一个将 COMPAS 工具用于审前释放决定的大型司法管辖区，此外，佛罗里达州有强大的资讯公开法。ProPublica 用两个混淆矩阵总结了 COMPAS 工具的预测数据：一个针对黑人被告（见表 7-2），另一个针对白人被告（见表 7-3）。

表 7-2　COMPAS 工具用于预测黑人被告犯罪的“混淆矩阵”

黑人被告	没有重新犯罪（人）	重新犯罪（人）
预测不会重新犯罪	990	532
预测会重新犯罪	805	1 369

表 7-3　COMPAS 工具用于预测白人被告犯罪的“混淆矩阵”

白人被告	没有重新犯罪（人）	重新犯罪（人）
预测不会重新犯罪	1 139	461
预测会重新犯罪	349	505

ProPublica 研究了一种称为“假阳性率”（false positive rate）的公正性衡量标准。这是被错误地预测为重新犯罪，而实际上没有重新犯罪者的百分比。这是一个简单的分数，由混淆矩阵的第一列导出：

$$\text{假阳性率} = \frac{\text{假阳性}}{\text{假阳性} + \text{真阴性}}$$

这些人正在为该工具的不准确性付出代价，他们原本可以安全地被释放，但很可能被继续关押。对于白人被告，假阳性率为 349/（349+1 139）或 23%。然而，对于黑人被告，假阳性率为 805/（805+990）或 45%，几乎是白人的两倍。

北角公司考虑了一个不同的公平性衡量标准，他们称之为“精确度”——预测会重新犯罪而实际又重新犯罪的百分比。这也是一个简单的分数，由混淆矩阵的第二行导出：

$$精确度=\frac{真阳性}{真阳性+假阳性}$$

这是预测会重新犯罪，而实际也重新犯罪人数的百分比。对于白人被告，精确度为 505/（505+349）或 59%。另一方面，对于黑人被告，精确度为 1 369/（1 369+805）或 63%。因此，对于黑人或白人被告，COMPAS 工具提供了非常相近的精确度。但是，虽然对黑人和白人而言，精确度相似，但错误对黑人的负面影响过大。

假阳性率考虑的是混淆矩阵第一列中的两个数值。另一方面，精确度则是看第二行的两个数值。我们还可以考虑混淆矩阵的其他部分。例如，第二列中的数值。“召回率”（recall）是指被正确预测，并重新犯罪的人数百分比。在符号上，这是一个简单的分数，由混淆矩阵的第二列导出：

$$召回率=\frac{真阳性}{真阳性+假阴性}$$

对于白人被告，召回率为 505/（505+461）或 52%。另一方面，对于黑人被告，召回率为 1 369/（1 369+532）或 72%。因此，在正确识别重新犯罪的白人上，COMPAS 工具的表现很差。事实上，在白人被告的预测上，比抛硬币准确不了多少。

归根结底，这些不同的公平性衡量标准并不存在孰优孰劣的问题。它们分别代表不同的权衡方式。我们是否重视个人自由，尽量避免把人错误地关押起来？或者说，我们更重视社会，宁可错误地关押更多的人，也不愿错误地把可能重新犯罪的人释放到社会中去？这些都是棘手的问题，不同的社会会做出不同的选择。

7.5 合作组织

人工智能合作组织（Partnership on AI）是一个非营利性的倡导组织，成立于 2016 年年底，由代表全球 6 家最大科技公司的一群人工智能研究人员领导。这 6 家科技公司是：苹果、亚马逊、DeepMind 与谷歌、脸书、IBM、微软。该合作组织后来扩大到包括 100 多个合作伙伴，其中包括来自学术界和民间社会的组织，如：伯克曼·克莱因中心（Berkman Klein Center）、数据 & 社会（Data & Society）、艾伦·图灵研究所（Alan Turing Institute）、英国广播公司（BBC）、联合国儿童基金会（UNICEF）和《纽约时报》（*New York Times*）等。

人工智能合作组织的使命是，在人工智能造福人类和社会层面，促进最佳的实践、研究和公共对话。不幸的是，到目前为止，它取得的成果非常少。事实上，像我这样的愤世嫉俗者可能会认为，它是那些科技巨头公司“道德洗白”工作的一部分。不过有一个例外，那就是人工智能合作组织对美国刑事审判体系中风险评估工具的使用进行了一项非常好的研究。

该研究提出了风险评估工具应满足的 10 项要求。这些要求分为 3 类：①与准确性、有效性和偏见有关的技术挑战；②界面问题：反映出刑事审判体系中人们理解和使用这些工具的方式；③因这些工具可能自动做出决定而产生的管理、透明性和问责问题。

这 10 项要求是前进的路线图，但本身并不是精确的标准。我们仍然需要对复杂的伦理权衡进行抉择（例如我们前面提到的个人自由和社会安全之间的权衡）。不过，这 10 项要求还是值得了解一下的，因为它们凸显了在使用人工智能工具时遇到的许多技术挑战和其他挑战。它们显示了在许多领域，我们要如何制定出精确的伦理限制。

技术挑战

要求 1：训练数据集必须判定预期变量。这里的根本问题是，一个人是否犯罪的基本事实是不可得的，只能通过犯罪报告或被捕情况等不完美的指标来估计。这就要求人们对这些指标做出预测。然而，这些指标都是在历史系统中获得的，这很可能会使该历史系统本有的种族偏见和其他偏见持续下去。

要求 2：必须测量出统计模型中的偏见，并将之减少。这一点说起来容易，做起来难。关于偏见有两个广泛存在的误解。第一个误解是，只有训练的数据不准确或不完整时，数据所在的模型才有偏见。第二个误解是，通过避免使用保护变量，如种族或性别，可以做出不带偏见的预测。这两种想法都是不正确的。

即使具有准确和完整的数据，模型也会产生偏见。其中一个原因是，机器学习模型识别的是相关性，而不是因果性。例如，一个风险模型可能会将犯人犯过罪的朋友数量作为一个变量，与该犯人获释后重新犯罪的概率相关联。这将导致模型对爱交际的人不利。至于排除保护变量，在模型中加入与保护变量相关的其他特征是非常容易的。例如，大家回想一下邮政编码和种族之间的相关性。

要求 3：工具不能将多种不同的预测混为一谈。许多风险评估工具给出综合评分，将不同结果的预测结合起来。例如，工具可能将衡量被告未按预定日期出庭的风险评分与衡量重新犯罪的风险评分相结合。然而，不同的结果背后有不同的因果机制，将它们混入一个单一的模型是不公平的。

界面问题

要求 4：预测以及预测的机制必须容易解释。风险评估工具需要让使用者易于理解。遗憾的是，法官和律师的数学和技术能力往往有限。因此，这一要求是一个特别的挑战。此外，至少在今天看来，即便对专家来说，许多人工智能工具依然是难以解释的黑箱。

要求 5：工具应该为其预测提供置信度估计。风险评估不是一门精确的科学。预测的不确定性是任何模型的一个重要方面。为了使风险评估工具的使用者能够适当和正确地解释结果，工具应该报告误差线、置信区间或其他类似的可靠性指标。如果不能提供这些指标，就不应该使用该风险评估工具。

要求 6：风险评估工具的使用者必须参加关于工具性质和局限性的培训。由于评估风险的不确定性和潜在的不准确性，风险评估工具的使用者应接受严格和定期的培训，熟练对输出结果进行解释。例如，培训需要介绍如何理解风险分类，例如：定量评分或更定性的“低 / 中 / 高”评级。这些培训应该处理工具的局限性问题。

管理、透明性和问责问题

要求 7：政策制定者必须确保公共政策目标在这些工具中得到适当反映。风险评估工具负责施行的政策选项包括受保护类别的性质和定义以及使用方法。因此，应仔细设计和开发这些工具，以确保它们实现预期目标，例如只关押那些对社会造成足够危害的人。

要求 8：工具设计、架构和训练数据必须对研究、审查和批评开放。风险评估工具应该像法律、法规或法院规程一样公开透明。应该禁止任何专有风险评估工具利用商业秘密声明损害透明性的做法。尽管北角公司以这些理由拒绝透露 COMPAS 的工作原理，但 COMPAS 仍然被广泛地使用。同样，需要提供训练集数据，以便独立机构能够对其性能进行审查。

要求 9：工具必须支持数据保留和可重复性，以便能够进行有意义的质疑和挑战。正义性要求被告能够对风险评估工具所做的决定提出异议。因此，被告应该能够通过诸如审计和数据跟踪的方式获取信息，知道该工具是如何进行预测的，从而能够对预测提出异议。

要求 10：在部署这些工具后，司法辖区必须负责对其进行评估、监测和审计，仅仅依靠部署前的评估是不够的。犯罪、执法和司法都具有地方色彩。任何使用风险评估工具的司法辖区都应定期公布自己对风险评估工具的独立审查、算法影响评估或审计结果。

如果我们要使用风险评估工具，那么人工智能合作组织提出的这 10 项要求可能是一个很好的开始。然而，我严重怀疑我们是否应该走这条路，你们也应该对此保持怀疑。你想把你的自由交给一个冷酷的算法决定吗？还是更喜欢温暖而友好的人类法官，尽管他们有各种缺点和不足？

一个折中的办法可能是，限制使用风险评估工具，只让它做出释放谁的决定；也就是说，不用它来决定关押谁。这样一来，风险评估工具可能有助于加强而不是损害人权。在许多其他场合，我们可以安全地以这种单向的方式使用人工智能。例如，在战场上，我们可以赋予武器自主权，让它具有与目标脱离接触的自主权，但绝不会自主接触目标。这样我们就能确保获得自主武器支持者所宣称的许多好处。例如，罗纳德·阿金（Ronald Arkin）教授认为，我们在道德上有义务使用自主武器，因为它们将减少平民伤亡。这样我们依然能够享有自主武器的益处。例如，如果武器识别出目标是民用性质而非军用性质时，它就能自主脱离目标。

7.6 Alexa 是种族主义者

除了风险评估之外，在许多其他场合，也有一些例子显示算法带有种族主义色彩。事实上，很难想象人工智能的某个分支领域不存在种族偏见的情况。例如，以语音识别为例。近年来，语音识别系统的能力有了惊人的进步。

几十年前，语音识别系统可以“独立于说话者”（speaker independent）的想法是不可想象的。你必须花几个小时在一个安静的环境中训练一个系统，并使用高质量的麦克风。但我们现在经常打开智能手机应用程序，期望它能在嘈杂的房间或繁忙的街道上识别我们的声音，而几乎不需要任何训练。

但是，如果你是黑人，则需要大大降低你的期望。2020 年的一项研究考察了由亚马逊、苹果、谷歌、IBM 和微软开发的 5 个最先进的语音识别系统。这 5 个系统面对黑人说话者的表现都明显不如面对白人说话者时。这 5 个系统的平均单词错误率对黑人发言者来说是 35%，而对白人发言者来说只有 19%。表现最差的系统是亚马逊提供的 Alexa：对于白人，它的单词错误率为 22%，而对黑人的错误率是白人的两倍多，为 45%。

这是不可接受的。如果一家大型银行或政府福利机构的客服人员打电话的时候不太能听懂黑人说的话，就会引起人们的愤怒。如果在叫出租车的时候，把黑人送错地方的概率是白人的两倍，就会有很多声音要求解决这个问题。我们不应该容忍如此具有种族偏见的语音识别软件。

人工智能的其他分支领域也存在种族偏见的情况。例如，计算机视觉软件在对黑人的识别上仍然举步维艰。我已经提到乔伊·博拉维尼的重要工作，他揭开了面部识别软件的种族偏见。接着，我要谈谈著名的谷歌相册识别错误事件。2015 年，黑人软件开发者杰克·阿尔西尼（Jacky Alciné）发现谷歌的计算机视觉软件将他和他女朋友的照片标记为大猩猩。他在推特上简明地描述了这个问题："谷歌相册，你们太差劲了。我的朋友不是大猩猩。"这个问题没有简单的解决办法，谷歌只能彻底删除"大猩猩"的标签。我们不知道这次失败背后的原因是什么。可能是因为具有偏见的数据或者可能是更根本的原因。人工智能程序，尤其是人工神经网络，是很脆弱的，人类不会犯这类的错误，它们却会犯。

鲜为人知的是，谷歌相册也会将白人标记为印章。在给某张照片贴标签时，我们知道，把黑人标注成大猩猩或把白人标注成海豹，很可能会引起对人们的冒犯——而前者的冒犯性要大得多。但人工智能程序没有这种常识。

这突显了人工智能和人类智能之间的一个关键差异。作为人类，在完成任务时，我们不会出现这样的错误。但人工智能系统的失败造成的后果经常是灾难性的。当人工智能在奈飞（Netflix）上推荐电影或在脸书上推荐广告时，犯这种错误并不重要。但在高风险的环境中，如判决或自主战争上，这就非常重要了。

带有种族偏见的面部识别软件已经导致黑人遭到错误的逮捕。2020 年，美国公民自由联盟（ACLU）对底特律警方提出正式投诉，这可能是第一个因错误的面部识别技术造成的错误逮捕案例。罗伯特·朱利安–伯查克·威廉姆斯（Robert Julian-Borchak Williams）是一名 42 岁的非裔美国人，在面部识别系统错误地识别了他之后被逮捕。警方通过驾照登记信息查看了一起手表店抢劫案的监控录像，发现监控录像中的抢劫者与威廉姆斯相匹配。但这并不是正确的匹配，而且威廉姆斯有不在场证明。即便如此，这个错误导致威廉姆斯被关押了 30 个小时，并经历了在家中当着亲人的面被逮捕的痛苦。

一直以来，具有种族偏见的算法也阻碍了黑人获得与白人相同的医保服务。最近有两个令人不安的案例被曝光。在最近的 2020 年，麻总百瀚（Mass General Brigham）医疗系统对 57 000 名慢性肾脏病患者的研究发现，黑人患者获得的医疗服务较少。这源自一个具有种族偏见的算法，该算法认为黑人患者比具有相同临床病史的白人患者更健康。例如，在 64 个研究案例中，黑人患者没有资格被列入肾移植名单。然而，这 64 名患者中的任何一人如果是白人，就会获得足够的评分，从而被列入移植名单。

在获得医保服务方面，2019 年发表的一项研究显示了第二个更难被觉察的种族偏见案例。该案例再次说明了指标的使用如何导致种族偏见。这里的种族偏见来自一个用于识别“高风险护理管理”计划候选人的算法。这些护理计划为具有复杂健康需求的患者提供额外的资源，并且通常能使这些重症患者的健康状况获得改善。这种具有偏见的算法对每位患者进行风险评分，从而将他们分配到这些护理计划中。风险评分在 97 分及以上的患者会被自动纳入计划，而分数在 55 分及以上的患者会被标记为可能被纳入，这取决于负责该患者的医生额外输入的信息。

研究发现，平均而言，黑人患者的健康状况远低于分配相同风险评分的白人患者。因此，黑人患者被纳入高风险护理计划的可能性大大降低。偏差的产生是因为该算法考虑的不是患者的健康状况，而是一个指标——病人付出的医疗费用。

问题是，我们没有一种近似于单维的“健康”衡量标准。患者的医疗费用似乎是病人健康状况的一个简单指标。付出医疗费用较高的人被赋予较高的风险评分。但是，出于各种原因，用于照顾黑人患者的费用比白人患者的费用低。就像预测性警务一样，用一个指标来表示预期的特征，就会在输出信息中嵌入历史性的种族偏见。

种族偏见几乎对人工智能的所有分支领域都产生了影响。作为最后一个例子，人们在自然语言处理中也观察到种族偏见。处理语言的人工智能系统会接受训练它们的语料库中存在的刻板印象和偏见。因此，这样的系统往往会延续对有色人种的偏见。

也许我们不应该大惊小怪，人工智能系统往往会反映它们所在社会的偏见。在历史数据上训练机器学习系统，将不可避免地抓取过去的偏见。然而，人工智能系统缺乏透明性和问责制，会把这种偏见突显出来。因此，我们需要担心的事情还不少。

7.7 Alexa 是性别歧视者

在过去，性别歧视是困扰社会的另一个主要问题，今天仍然如此。自然而然，性别歧视也出现在许多算法设置中，特别是那些使用机器学习的算法设置中。正如我之前提到的，由男性占多数的研发人员（被称为“男性之海”）开发人工智能解决方案对此并没有什么帮助。但问题远不止于此。

有些问题很简单，很容易解决。为什么像 Alexa、Siri 和微软小娜（Cortana）这些语音助手是以女性的名字命名的，并且在默认情况下总是用女性的声音说话？对女性声音的偏好可以追溯到 20 世纪 80 年代对军用飞机的研究，该研究表明，女性的声音更有可能引起大多数男性飞行员的注意。也有人认为，女性的声音更容易让人理解。例如，实验表明，在子宫里的婴儿能够听出母亲的声音。但我们已经不在子宫里了。此外，我们大多数人从没有进入军用飞机的驾驶舱。即使情况不是如此，我们也可以而且应该完全避免这个问题。

名字可以是性别中立的。如果名字可以告诉我们，这是一台设备，而不是一个人，那就更好了。为什么不使用阿尔法（Alpha）或阿里夫（Alif）这样的名字？声音可以不体现出明显的男性或女性特征，也可以是介于男性和女性之间的中性音。还有，为什么不一目了然地让人们知道它们是机器人，这样就不会与人类混淆了？

已经出现的一些性别歧视算法的例子更为复杂。例如，在 2019 年，人们发现，决定苹果新版信用卡信用额度的算法存在令人失望的性别歧视。苹果公司联合创始人史蒂夫·沃兹尼亚克（Steve Wozniak）在推特上说，尽管他们夫妻二人共享相同的资产和账户，但他妻子获得的信用额度只是他的十分之一。纽约州金融服务局立即宣布将对此进行调查，看看该卡是否违反了禁止性别歧视的州法律。令人失望的是，纽约州金融服务局最终确定，苹果公司并没有违反旨在保护女性和少数族裔免受贷款歧视而制定的严格规则。尽管如此，苹果公司还是颜面尽失。算法所出现的性别歧视并没有根本性的原因。如果开发者在开始的时候就多费点心思，就可以轻松地避免这个问题。

在其他场合，问题变得更加微妙和隐蔽。其中一个人们可能关注得很少的领域就是网上约会的算法匹配。在美国，通过互联网相互结识是目前最流行的情侣相识方式。此类的主流交友应用程序包括：Bumble、Tinder、OKCupid、Happn、Her、Match、eharmony 和 Plenty of Fish。但也有针对各种不同口味的应用程序。如果你觉得朋友与自己具有相同的沙拉口味很重要，可以试试“色拉相亲”（SaladMatch）。如果你喜欢留胡须的男性，可以试试“蓄须爱好者”（Bristlr）。“无麸质饮食者相亲网”（GlutenFreeSingles）则适合麸质过敏症患者。还有为少数使用智能手机的阿米希人提供的“阿米希约会”（Amish Dating）。

所有这些应用程序的核心是通过算法选择潜在的匹配对象。值得考虑的是，这些算法中的偏见可能会产生长期的跨代影响。这些软件可能会导致更多的麸质不耐受者与同类体质的人结婚，或者导致更多的高个子男人与高个子女人结婚。不管是什么，我们将看到这些偏见反映在他们的后代身上。这会不会导致麸质过敏症患者的增加？或者导致高个子的人数增加？算法可能正在慢慢改变我们。在酒吧里或通过朋友介绍认识某人，这种随机的方法具有很多的优势。

7.8 你的计算机老板

你可能还没有意识到这一点，但在很多场合，计算机已经成为你的老板了。如果你为优步工作，那么某个算法将决定你做什么。同样，如果你是亚马逊仓库里的货物分拣员，那么自动化系统就正在监视你的生产效率。亚马逊的系统可以生成警告通知和解雇信函，无须人类主管输入信息。在连续 12 个月内收到 6 次警告，系统就会自动解雇你。

以这种方式将权力移交给自动化系统并不是没有重大风险。人们常常批评亚马逊像对待机器人一样对待其员工。自 1994 年成立以来，该公司就以各种方式竭力阻止其 100 万美国员工受到工会的保护。因为其算法对待司机的方式，优步也经常受到批评。它的一些司机不得不睡在车里，更悲惨的是，由于遭受到的经济压力，多位司机自杀了。

即使对于我们这些不为亚马逊或优步工作的人来说，算法也可能很快就成为我们的老板。就我们所知，算法崛起造成最多担忧的一个领域是人力资源领域。特别是，一些公司正在算法的帮助下筛选堆积如山的简历，并决定雇用谁。这迟早会导致集体诉讼。

亚马逊耗费数百万美元，试图建立这样的工具。该公司爱丁堡工程中心有一个由十几个人组成的团队，他们利用机器学习来扫描简历，并确定最有潜力的候选人。当然，性别并不是输入的信息之一。大多数国家的法律禁止将性别作为招聘的选择依据。但该工具学会了其他方法，导致了更难以觉察的偏见。它偏爱那些用男性简历中使用频率较高的动词（例如“执行”和“抓获”）来描述自己的人。

另一个问题来自使用历史数据。假设我们使用公司中已晋升人员的简历来训练这个工具。这样一来，该工具将学会这个系统的偏见。如果男性比女性更频繁地获得升职，那么该工具将学习并复制这种偏见。

经过几年努力后，亚马逊在 2018 年放弃了这个构想。尽管公司内部拥有大量的机器学习专业资源，但他们还是无法使其发挥作用。该系统会不可挽回地产生对女性应聘者不利的性别歧视。

最后，值得注意的是，并不存在一个无偏见的答案。机器学习的一个老式名称是“归纳性偏见”（inductive bias）。我们在一个更大的人群中选择出一小部分，决定雇用他们或让他们晋升。这就是一种偏见。我们希望这个决定导致的偏见能够以被社会认可的方式出现。我们是否偏爱那些考试成绩优异的人？换句话说，这个算法是否偏向取得优异考试成绩的人？但这样一来，那些上过私立学校的人就会获得更多的工作，因为私立学校的学生往往能取得更好的考试成绩。我们如何平衡成绩和机会？我们是否应该使输出结果偏向机会，从而可能会对成绩优异者不利？

如果想在算法中封装这样的决策，就要更精确地了解我们需要什么样的社会。公平到底是什么意思？这些问题都是老生常谈。但是，如果要把这样的决定委托给算法，在给出答案的时候，我们就要从数学上进行规定。

7.9 确保公平性

人工智能将突显公平性问题，从根本上挑战许多市场的运作方式。所有市场都需要规则来确保它们公平有效地运作。规则可以防止内部人员利用特权信息进行交易，防止大人物剥削小人物，防止外部成本被不恰当地定价。

以保险市场为例。保险本质上是为风险找出一个公平的价格。挑战在于，人工智能可以帮助我们更准确地为风险定价。在过去，我们可能没有简单的方法来区分客户，因此对他们的风险进行相同的定价。但人工智能提供了针对个体客户单独定价的能力。

人工智能可以通过提供两种方式的帮助，更有针对性地计算风险。首先，人工智能让我们能够收集客户的最新数据。例如，汽车保险公司可以从我们的智能手机上获取跟踪数据，记录我们的驾驶水平（或驾驶能力）。其次，人工智能让我们能够分析那些对人眼来说过于庞大的数据集。例如，健康保险公司可以挖掘基因数据，并确定那些具有罹患特定癌症风险的人。

这里的根本矛盾是，保险是将风险分散到某个群体，而不是计算某个人的风险。如果我们对个人风险进行定价，保险就没有什么意义。我们不妨为自我承保，而无须保险公司从交易中赚取差价。拥有保险的唯一价值是防止“不可抗力”，对任何一个人来说，不可抗力都是难以承受的。

保险市场反映了社会关于公平的价值观。例如，从 2012 年 12 月 21 日起，欧盟规定，保险公司应对购买相同保险产品的男女客户按相同的标准收取保金。该政策适用于所有形式的保险，包括汽车保险、人寿保险和年金保险。不管你是男性还是女性，你为保险支付的费用标准应该是一样的。

这一规定的直接结果是，女性的汽车保险费率上升了。这样，女性不得不对男性糟糕的驾驶技术进行补助。交通事故统计数据清楚地表明，女性比男性更擅长开车。死于道路交通事故的男性人数是女性的三倍。那么，女性被收取更高的额外费用，以支付男性因荷尔蒙过多而造成的车祸，这是否公平？

基于人工智能的保险产品将在不久的将来引发许多类似的公平性问题。人们会因此提出质疑：什么是公平公正的社会？在这样的社会中，女性应该为男性的不良驾驶行为买单吗？或者说，那些在遗传上具有肠癌倾向的人应该支付更昂贵的健康和人寿保险吗？对于这些问题，没有准确的答案。

7.10 算法的公平性

归根结底，算法的承诺之一是它们可以使决策更加公平。我们不要忘记，人类在决策时很难不带偏见。我们愿意相信自己可以做出公平的决策，但心理学家和行为经济学家已经列出了大量的认知偏见目录，显示出人类对理性决策的系统性偏差。

让我列举出若干个你我都具有的认知偏差，大家可能听说过，也可能没有听说过：锚定偏见（anchoring bias）、信念偏见（belief bias）、确认偏见（confirmation bias）、区别偏见（distinction bias）、赋予效应（endowment effect）、框架效应（framing effect）、赌徒谬误（gambler's fallacy）、后视偏见（hindsight bias）、信息偏见（information bias）、损失规避（loss aversion）、正常化偏见（normalcy bias）、忽略偏见（omission bias）、现时偏见（present bias）、近因错觉（recency illusion）、风险补偿（risk compensation）、系统性偏见（systematic bias）、选择偏见（selection bias）、省时偏见（time-saving bias）、单位偏见（unit bias）和零和偏差（zero-sum bias）。从字母A，到字母Z，我们的不良决策偏见应有尽有。

其中，最令我关注的是宜家效应（IKEA effect）。这是指我们对自己参与创造的产品给予过高的评价。例如，我刚刚耗费若干小时，经历痛苦和挫败，终于组装好一个马尔（Malm）屉柜，我可以确定，现在我对它的重视程度远远超过了我为它支付的100美元。

算法提供了战胜所有这些认知偏见的希望，可以做出完全理性、公平和基于证据的决定。事实上，它们甚至提供了希望，可以在人类无能为力的情况下做出决策，例如需要计算精确条件概率的决策，或者在人力无法胜任的时候（例如基于超出人类理解范围的数据集）进行决策。

不幸的是，现实情况是，算法参与这种高级决策的情况少得可怜。我耗费了几个星期时间向人工智能同行询问了一些案例，令人沮丧的是，在这些例子中，算法并没有简单地取代人类决策，只是改善了人类决策的公平性。这些例子比我预期的要少得多。

许多同行提到的一个例子是国家住院医师配对项目（National Resident Matching Program）。这是美国的一个非营利组织，创建于 1952 年，对医科学生和教学医院的培训项目进行配对。该算法使学生匹配到医院的过程更加公平。

1995 年，医学界开始担心，多年来一直使用的将医科学生与医院匹配的算法偏向于医院而不是学生。斯坦福大学的阿尔文·罗斯（Alvin Roth）教授因为在该领域的工作而获得了诺贝尔经济学奖，他建议简单地切换该算法的输入信息，使其有利于学生。

经过切换后，这种“更公平”的算法只能带来理论上而不是实际上的效果。在实践中，两种算法产生的匹配结果几乎是相同的：只有不到千分之一的申请人收到不同的匹配。从好的方面看，这些为数不多的申请人通过新算法匹配到不同职位后，大多数（但不是全部）表现得更好。尽管如此，这一改进对于恢复医学界对匹配系统的信任是非常重要的。

7.11 未来

尽管在日常生活中，我们通过算法改善决策公平性的情况很少，但我仍然对算法的未来感到乐观。我们可以预期，越来越多的决策将交给算法。而且，如果精心设计，这些算法在这些任务上将与人类一样公平，甚至比人类更公平。同样地，在许多情况下，算法将被用来做出人类无法做出的决定，而且会公平行事。最后，让我举两个例子来说明这个充满希望的未来。

第一个例子来自我的同行，哈佛大学的阿里尔·普罗卡恰（Ariel Procaccia）教授。他建立了一个网站，帮助人们合理地进行分配。该网站提供免费的服务，帮助人们分摊合租房屋的租金，分摊出租车费，为小组练习分配学分，在遗产继承或离婚协议中分割财产，还可以帮人分派家务。

该网站使用了一系列复杂的算法，确保这些分配反映出人们的偏好，并且可以证明是公平的。例如，它能将合租的房间进行分配，并匹配相应的租金，这样就没有人觉得被人占了便宜。它还可以在离婚时分割财产，这样离婚的双方都不会有怨言。你能想象吗——大家不用为那本破旧的《骰子人生》（*The Dice Man*）归谁而争吵？

如果大家不介意的话，我谈谈第二个通过算法增加公平性的例子，它来自我自己的工作。早在20世纪90年代，我在爱丁堡大学帮助学校制定考试时间表。通过让计算机来做时间安排，我们能够得到更好的结果，对学生来说，这比以前由人工制作的时间表更公平。

显然，在安排考试时，你不能让某个学生同时参加两门考试。但我们能够做得更好。我们利用计算机的超强能力来制定时间表，始终使学生在两场考试之间有一个间隔。他们永远不需要马不停蹄地连续参加考试。这虽然是一件小事，但是我希望将之作为一个具有说服力的例子，证明我们可以寄希望于计算机，让它为我们做出更好，甚至更公平的决定。

***

让我把散落在本章中的经验总结一下。如果你负责构建算法，想通过算法来影响人们的决策，你可能希望在手头上拥有这样一份清单。也许你正在构建一个算法，用它安排疫苗接种或者管理约会网站。在发布产品之前，你可能希望审视一下这12 条经验。

经验 1：人工智能无法修复那些本质上不公平的系统。事实上，人工智能往往会暴露和放大不公平系统的基本缺陷。

经验 2：在开发人工智能系统时要谨慎，因为它甚至会夺走人们的部分主动权。

经验 3：在原本由人类承担责任，也应该由人类承担责任的环境中，算法也要被追责。

经验 4：让机器根据历史数据进行学习，从而进行预测，可能会使过去的偏见永久化。这样做甚至可能创造反馈循环，放大这些偏见。

经验 5：对机器学习系统要保持警惕，因为在该系统中，我们缺乏真实数据，只是根据一些指标进行预测。

经验 6：不要将相关性与因果性混为一谈。通过混淆此二者构建出的人工智能系统可能会使社会中的系统性不公正现象长期存在。

经验7：公平意味着求同存异，而不是一下子实现所有目标。通常，我们需要进行权衡取舍。

经验8：限定人工智能系统的决策范围，仅仅让它增加而不是减少人类的权利。

经验9：人工智能系统往往会复制，有时甚至会放大所在社会的偏见，如种族主义和性别歧视。

经验10：在许多情况下，并不存在没有偏见的答案。因此，人工智能系统需要对社会可接受的内容进行编码。

经验11：人工智能系统将创造新的市场，我们需要从社会层面来决定什么是公平性和公正性。

经验12：构建人工智能系统，让它与人类决策的公平性旗鼓相当，这是一个很高的要求。让人工智能系统比人类的决策更公平更加困难。

第 **8** 章

隐私权

CHAPTER 8

除了公平性，人工智能在另一个领域也突显出紧迫的伦理问题，它就是隐私权。这并不是因为人工智能创造了许多关于隐私权的全新伦理挑战。隐私权是一项存在已久的基本权利，多年来，它一直是社会关注的焦点。

联合国大会于1948年12月10日通过的《世界人权宣言》（*Universal Declaration of Human Rights*）第12条宣布：“任何人的私生活、家庭、住宅和通信不得被任意干涉，他的荣誉和名誉不得被加以攻击。人人有权享受法律保护，以免受到这种干涉或攻击。”

然而，人工智能确实突显了现存关于隐私的许多担忧。许多问题都表现为我称之为“温水煮青蛙”的形式。人们常说，如果你把一只青蛙放在开水锅里，它会立即跳出来。但是，如果你把它放在一锅凉水中，并慢慢地加温，那么它就觉察不到水温的升高，一动不动直到被煮死。这种说法可能是虚构的，但它是许多隐私问题的绝佳比喻。

这种隐私问题的最好例子之一是闭路电视（CCTV）。我们已经习惯了闭路电视摄像头遍布每个街角的做法。我们并不认为它们会对我们的隐私构成太大的威胁，这也许是因为我们知道外面虽然有很多摄像头，但无法同时对我们进行监控。如果有犯罪发生，那么警察会收集闭路电视摄像头录制的影像，设法识别犯罪分子。这可能不是对我们隐私的严重侵犯，因为它是在犯罪发生之后。而且我们知道，他们是在调查犯罪行为，在追查犯罪分子。

但是现在，我们可以在所有这些闭路电视摄像头后面配置一些计算机视觉算法。通过这种方式，我们可以实时监控大量人员。而且我们可以在整个城市，甚至是一个国家中这样做。

乔治·奥威尔（George Orwell）在《一九八四》（*Nineteen Eighty-Four*）中搞错了一件事。不是老大哥监视人们，不是一些人在监视另一些人，而是计算机在监视人们。计算机可以完成人类无法完成的事情。

数字技术的美妙之处在于，对其进行扩展是非常容易和廉价的。使用人工智能之类的技术可以监视所有人。你可以监听每一通电话，阅读每一封电子邮件，监控每一个闭路电视摄像头。我在前面说过人工智能突显了隐私问题，就是这个意思。

8.1 隐私权的历史

温特·瑟夫（Vint Cerf）是谷歌的首席互联网布道官（Chief Internet Evangelist）。他并没有自己选择这个工作头衔，尽管谷歌这样的公司允许他这样做。瑟夫曾问过别人他是否可以被称为大公（Archduke）。但自从弗朗茨·斐迪南大公（Archduke Franz Ferdinand）被刺杀以来，被称为大公可能就不是一个好主意了。结果，瑟夫最终成为谷歌的首席互联网布道官。

谷歌聘请瑟夫是为了推动互联网的发展，制定新的标准等。

因此,“首席互联网布道官”可能比“大公”更能概括他的工作。无论如何，瑟夫是唯一能胜任这一角色的人，因为他是一个和善的人，并且是互联网的原始架构师之一。

2013 年，他告诉美国联邦贸易委员会:“隐私权实际上可能是一种反常现象。”他用“隐私是从工业革命带来的城市繁荣中出现的东西”这样的结论证明这一说法的合理性。我怀疑硅谷里许多人都会同意瑟夫的言论。他们显然是在以一种确保隐私权成为反常现象的方式行事。

哲学家们可能会不同意这种说法。几千年来，我们一直在担心隐私问题。例如，亚里士多德对政治的公共领域和家庭生活的私人领域进行了区分。生物学家和人类学家也可能不同意这种区分。不仅仅是人类，其他动物也在寻求隐私。隐私似乎在人类社会中发挥着重要作用，例如它为沉思、异议和改变提供空间。

另一方面，至少从法律的角度来看，瑟夫的主张也是有道理的。隐私权是在工业革命前后才真正进入美国法律体系的。塞缪尔·沃伦（Samuel Warren）和路易斯·布兰代斯（Louis Brandeis）1890 年在《哈佛法律评论》(*Harvard Law Review*)发表了一篇开创性文章，首次提出了这样的论点：当时出现的新技术——特别是摄影和面对大众市场的报纸——侵犯了人们的个人空间，因此人们需要新的权利，尤其是隐私权。

沃伦和布兰代斯在这篇文章中提出了一些重要的法律观点，这些观点至今仍然伴随着我们。例如，他们认为，声称被公布的私人信息是真实的，并不能作为一种可接受的辩护，逃脱对侵犯某人隐私的指控。同样地，他们认为，仅仅声称在公布这些私人信息时没有恶意，也不是可以接受的辩护。

然而，在他们的文章中，沃伦和布兰代斯没有以任何形式表明，新技术的出现会削弱这些论证。从逻辑上看，没有理由认为新技术的出现会削弱他们的论证。隐私权就是在回应不经我们同意就让新技术具有监视我们的能力。互联网和其他数字技术（如人工智能）只会增加提供此类保障的必要性。

8.2 隐私和技术

几年前，纽约市律师协会组织了一个科学与法律特别委员会，研究新技术对隐私的影响。哥伦比亚大学的艾伦·威斯丁（Alan Westin）教授担任该委员会主席，并撰写一本重要并且有影响力的著作《隐私与自由》(*Privacy and Freedom*)，总结了该委员会的发现。

该书对新技术造成的许多隐私问题进行了很好的总结。虽然是以美国为关注点，但它所提出的问题具有普遍性。这本书的开头是这样的：

> 令美国公众深感不安的是，他们最近了解到科技正在进行一场革命，通过这种技术革命，公共和私立机构可以对个人进行科学监视……随着新技术的应用案例越来越多，针对“老大哥”的担忧而产生的抗议已经敲响了警钟，回响在从极左到极右的公民群体之

中……真正要做的是，将公众对该问题的觉知转向审慎的讨论，即：在这个科学、技术、环境和社会力量从四面八方对隐私施加种种压力的时代，如何保护隐私？

该书最后提出一些发人深省的建议：

美国社会现在似乎已经准备好面对科学对隐私的影响。如果无法处理好科学对隐私的影响，就会让我们自由社会的基础处于危险之中。这个问题不仅仅是美国人的问题。我们的科学和社会发展使我们成为第一个经历监控技术危机的现代国家，但其他西方国家也紧随其后……此类抉择与人类在地球上的历史一样悠久。这些工具是用来解放人类的，还是用来征服人类的？我们是否还有机会保留隐私？没有隐私，我们的整个公民自由体系可能成为徒有其表的空壳。科学和隐私：它们构成了20世纪自由的双重条件。

但为什么只是提到20世纪？我的这本书谈论的是现代，我们现在身处21世纪。

我一直没有告诉大家的是，《隐私与自由》写于1967年。书中讨论的是以下这些监控技术：微型摄像机、录音机以及窃听器和测谎仪。

因此，在对人类隐私的影响上，新技术引发的担忧由来已久，它并不是没有先例的。这种担忧可以追溯到20世纪60年代威斯丁的特别委员会，甚至追溯到1890年的沃伦和布兰代斯，并从那里追溯到更久以前的亚里士多德。如果说，我们在这堂历史课中得出了什么经验教训的话，那就是，在试图保护人类的隐私不受新技术侵袭的过程中，我们一直还在奋力追赶。

8.3 预测未来

这里有一句让人受益不浅的名言，人们经常将其归于谷歌的首席经济学家哈尔·瓦里安（Hal Varian），但实际上这句话是由麻省理工学院数字经济倡导行动（MIT Initiative on the Digital Economy）创始人兼副主任安德鲁·迈克菲（Andrew McAfee）提出的："预测未来的一个简单方法是看富人今天拥有什么；中等收入的人在10年后将拥有同等的东西，而穷人则要再过10年才会拥有它。"

例如，今天的富人通过私人助理来帮助他们管理繁忙的生活。在未来，我们其他人将能通过数字助理来帮助我们管理自己的生活。今天，富人拥有私人司机开车接送。在未来，我们其他人将乘坐自动汽车到处跑。今天的富人通过个人理财顾问管理他们的许多资产。在未来，我们其他人将通过理财顾问机器人管理我们的财务。今天，富人通过私人医生呵护自己的健康和身体。在未来，智能手表和其他设备将监测我们的身体状况，并提供建议，使我们其他人也能拥有健康。

根据迈克菲这种预测未来的说法，今天只有富人才能负担得起的那种对隐私的保护，我们所有人在未来也会获得。有钱人可以通过以下方式来避开公众：住进贵宾（VIP）套房，乘坐私人飞机（不挤经济舱），聘请昂贵的律师，不让自己的名字出现在报纸上。然而，我怀疑，在未来一二十年内，我们其他人无法拥有今天富人所拥有的对隐私的保护能力。我可以通过机器人律师来让自己的名字不出现在报纸上。但我担心我的机器人律师将无法与更昂贵的机器人律师相提并论，因此，报纸将不得不把像我这样令人讨厌的穷人拒之门外。

更根本的是，我们今天使用的大多数"免费"数字服务——比如社交媒体和搜索服务——都是以出卖我们的数据为代价的。"如果你不付钱，你就是产品。"这句名言解释了硅谷的许多商业模式。监控资本主义（surveillance capitalism）依赖谷歌和脸书等公司收集的大量个人数据。

想象一个更美好的世界，在这个世界中，我们可以迫使科技公司为我们的个人数据付费。问题是，我们不会因此获得太多的报酬。例如，2019 年，谷歌的母公司 Alphabet 以 1 610 亿美元的营业额实现了 340 亿美元的利润。这还算不错。但是将这笔利润分配给谷歌搜索引擎的 50 亿左右用户，我们每人只能获得 7 美元。我们任何人都无法用 7 美元购买到多少隐私权。

在并不需要我们付出多少财务成本的情况下，谷歌这样的技术公司就可以扩张其数字服务。之所以能够这样，是因为他们（和我们）并没有对我们的个人数据给予足够的重视。另一方面，想象一个更好的未来也并非不可能。如果我们每个谷歌用户愿意的话，每年只需付 30 美元，那么，Alphabet 获得的收入，就会与今天他们从广告商那里获得的收入一样多。这样，他们就不需要把我们的数据卖给任何人。

8.4 侵入式平台

这样的未来真的可能实现吗？我们能不能建立一个需要经过个人同意才能使用个人数据的数字平台？我们是否可以开发出无须建立用户档案的搜索引擎，并向每个用户显示相同的搜索结果？事实上，可以。它被称为“DuckDuckGo”。它甚至是免费的。我们来看看吧。

一个以用户隐私为核心设计的社交网络是怎样的？想象一下，在这个社交网络中，在默认情况下，只有你在现实世界中认识的人才能看到你的帖子。想象一下，这个社交网络不使用 cookie[1] 追踪你，而且承诺永远不会这样做。想象一下，这个社交网络让用户对其隐私政策的任何改变进行投票。

人们几乎不记得，这样的社交网络确实曾经存在过。它就是脸书。遗憾的是，在过去 10 年中，在所有这些良好的行为上，脸书都在倒退。在面对所有选择时，脸书似乎总是选择利润而不是保护隐私。

脸书通过反竞争战术的长期战略取得主导地位。收购照片

[1] 指储存在用户本地终端上的数据。——编者注

墙（Instagram）和瓦次普（WhatsApp）等竞争对手并没有让消费者受益，但让脸书继续发展，尽管它的隐私政策越来越差。自然，最近针对脸书的反垄断行动都集中在隐私问题上。

实际上，脸书是社交网络市场的后起之秀。从 2005 年到 2008 年，聚友网（MySpace）是世界上最大的社交网站之一，其每月拥有超过一亿的用户。2006 年 6 月，它的访问量超过了美国的任何其他网站。在聚友网上，其默认设置是任何人都可以看到你的个人资料。

脸书的特别之处在于它比聚友网更尊重个人隐私。人们认为它比聚友网更“安全”。与聚友网不同，脸书的个人资料只能被你的好友或同一所大学的人看到。脸书甚至说：“我们没有，也不会通过 cookie 来收集任何用户的私人信息。”这是它早期的承诺，现在已经被打破。

在 2014 年宣布收购瓦次普时，脸书宣布：“瓦次普将作为一个独立的公司运营，并继续履行其对隐私和安全的承诺。”自然，当时瓦次普的隐私政策比脸书要好得多，因为它提供用户信息端到端加密服务。

但就在被脸书收购的 18 个月后，瓦次普开始与脸书分享信息，除非用户选择退出。而在 2021 年，脸书让瓦次普用户无法拒绝分享他们的信息。也就是说，想要拒绝分享这些信息，除非这些用户身处欧洲，因为这些欧洲国家有更严格的数据保护法，即使脸书拥有高薪聘请的律师，也不敢掉以轻心。

如果你想继续使用瓦次普，那么你别无选择，只能接受新的、更弱的隐私政策，这个政策违背了脸书收购瓦次普时的承诺。

2018年，瓦次普联合创始人布莱恩·阿克顿（Brian Acton）因不同意脸书进行的改变，放弃了令人羡慕的8.5亿美元的股票期权，离开了公司。他告诉《福布斯》杂志："在更大的利益面前，我出卖了用户的隐私。我做出选择，进行了妥协。我每天都为此感到煎熬。"那年早些时候，他曾在推特上写道："现在是时候了，删掉脸书。"

隐私，或者说缺乏隐私，也是脸书和剑桥分析公司丑闻的核心所在。脸书在知情的情况下，未经用户同意，就允许第三方收集个人隐私数据。2019年，由于这些侵犯隐私的行为，美国联邦贸易委员会对脸书开出创纪录的50亿美元罚单。

该处罚是对任何侵犯消费者隐私的公司实施的最大处罚，几乎是以前任何隐私或数据安全处罚的20倍。事实上，这是美国政府有史以来开出的最大罚单之一。但对脸书来说——它在2019年的收入超过700亿美元，年利润180亿美元，日活跃用户近20亿——联邦贸易委员会的罚款只是脸书通往全球统治道路上的一个减速带。看来，把你的客户当成"傻子"是有好处的。

8.5 人脸识别

十几年前，我能够容忍我的人工智能同行从事人脸识别工作。对于开发这种能够监视整个国家的技术，那时候，似乎有足够多的积极之处来减轻我对它的恐惧。此外，就像2000年以后出现的大多数人工智能技术一样，人脸识别软件表现得非常差，以至于它看起来并不具有威胁性。

我试过一个朋友的人脸识别演示版。当时，我的头发比现在茂密得多。因此，该软件一直将我识别为女性。他对我说："你笑得太频繁了。"显然，人脸识别软件在当时还是一项你我都不需要担心的技术。

后来，很多事情都发生了变化。这个软件的积极之处虽然并没有消失，但消极之处却成倍增加了。而且，人脸识别软件的表现已经足够好，以至于它已经走出实验室，进入我们的生活了。因此，我不再确定我们是否应该开发人脸识别软件。

人脸识别软件有一些很好的用途。例如，在 2018 年，印度德里警方利用人脸识别软件，在短短 4 天内使近 3 000 名失踪儿童与他们的父母团聚。15 个月后，该软件已经识别超过 10 000 名失踪儿童。这样的故事很难不让人喜欢。

但印度政府现在对人脸识别软件有一个更加雄心勃勃和令人不安的计划。它希望利用社交媒体账户、报纸、闭路电视摄像头、护照照片、公开照片和犯罪记录图像，建立一个覆盖全国的单一集中数据库。2020 年，印度政府开始使用该技术逮捕新公民法的抗议者，批评者称该法将穆斯林边缘化。

这种人脸识别软件仍远未达到完美的程度。2020 年，人们因人脸识别软件被错误地逮捕、遭受关押的新闻开始层出不穷。亚马逊、微软和 IBM 都迅速宣布他们将停止或暂停向执法机构提供此种软件。然而，该行业的主要参与者——诸如 Vigilant Solutions、Cognitec、NEC 和 Clearview AI 等公司——继续向世界各地的警察部门和其他政府机构提供这样的软件。

Clearview AI 因使用人脸识别软件而声名狼藉，同时也引发了许多诉讼。其创始人兼首席执行官、澳大利亚企业家尊室宏（Hoan Ton-That）似乎决心突破原有底线，并利用公司现有的名气获利。Clearview AI 已经开创了几个危险的先例。

该公司从脸书和谷歌等公司可公开访问的资源中抓取了 30 亿张人脸图像。这些图像已被用于创建一个数据库，Clearview AI 已将其授权给全球 600 多个执法机构以及一些私营公司、学校和银行。如果你使用社交媒体，你的照片可能就在他们的数据库中。

因为其所提供的服务，Clearview AI 正面临着许多相关诉讼。仅在 2020 年，就有四起针对该公司的诉讼，指控其违反了《加利福尼亚州消费者隐私法》（*California Consumer Privacy Act*）和《伊利诺伊州生物识别信息法》（*Illinois Biometric Information Act*）——具体来说，就是未经个人同意收集数据。脸书也将支付 5.5 亿美元，用来解决其在伊利诺伊州发生的类似面部识别诉讼。如果我和其他许多人预计得不错的话，Clearview AI 只要在这些诉讼中输掉任何一场，就可能会陷入严重的财务困境。

一些科技公司也曾试图遏制 Clearview AI 的不良行为。推特、领英（LinkedIn）和谷歌都向其发出过勒令停止通知函，而脸书则发表声明，要求 Clearview AI 停止使用从其社交媒体平台抓取的图片。苹果没有发任何函件，只是暂停了 Clearview AI 的开发者账号。

即使 Clearview AI 最终被关闭，该问题也不会消失。人脸识别软件的两难境地是，如果它能发挥作用，情况就不妙；如果它不能发挥作用，情况也不妙。幸运的是，我们开始看到一些反对使用它的人。一些地方和国家政府都在按下暂停键。旧金山、波士顿和其他几个城市已经出台了禁止使用人脸识别软件的规定。民主党立法者于 2020 年 6 月向美国国会提出《人脸识别和生物识别技术暂缓法案》（*Facial Recognition and Biometric Technology Moratorium Act*）——正如该法案的名称所显示的——其试图暂停使用面部识别软件。

美国计算机协会（Association for Computing Machinery）等专业协会，以及人权观察和联合国等组织，也呼吁对此进行监管。这些都是值得赞扬的。但是，我们应该谨慎对待因种族和其他偏见而禁止使用人脸识别软件的呼吁。

参议员杰夫·默克利（Jeff Merkley）在向美国国会介绍这项立法时，为了推动《人脸识别和生物识别技术暂缓法案》，提出了以下论点："当美国人要求我们解决执法中的系统性种族主义时，人脸识别技术的使用是朝着错误方向迈出的一步。研究表明，这种技术会带来种族歧视和偏见。"

当然，我们完全无法接受黑人由于算法的偏见而被关押。但如果我们以偏见为理由要求进行监管，我们就有搬起石头砸自己脚的风险。要求对人脸识别软件进行监管的人们必须认识到，应用该软件会造成伤害，而不应用该软件也会造成伤害。

亚瑟·克拉克（Arthur Clarke）是有史以来最有远见的科幻作家之一。他预测了许多因技术进步而产生的应用，其中包括电信卫星、全球定位系统、网上银行和机器翻译。他影响深远的一个贡献就是他的一句名言："如果一个年高德劭的杰出科学家说，某件事情是可能的，那他非常有可能是正确的；但如果他说，某件事情是不可能的，那他也许是非常错误的。”因此，当我声称人脸识别软件有朝一日可能会比人类具有更少的偏见时，你应该意识到，这几乎肯定是事实（如果你想争辩，认为以我的年龄还不够老，还不足以成为这样的科学家，请记住，克拉克将“年高”定义为 30 岁至 40 岁）。

值得注意的是，作为人类，我们识别其他人脸的能力极度不稳定，具有重要的遗传因素，并且通常只擅长识别和我们自己同种族的人。因此，人工智能在人脸识别方面打败人类并不是一个艰巨的任务。总有一天，就像下棋、看 X 光片或把汉语翻译成书面英语一样，在人脸识别方面，计算机的表现也会轻易超过人类。而在这一点上，我们不希望因为人脸识别软件比人类所犯的错误更少，我们就有使用它的道德义务。我们决不能忽视人脸识别软件在发挥作用的同时，也可能给我们的生活带来许多其他危害。

以前，如果你在一大群人中参加抗议，你是匿名的。现在，人脸识别软件可以将你实时识别出来。

我们正在创建杰里米·边沁（Jeremy Bentham）的全景敞式监狱（panopticon）。这样的设计使得一名监视者就可以监视所有的犯人，而犯人却无法确定他们是否受到监视。这种数字全景敞式监狱的问题是，即使没有人真的在监视你，它也会改变你的行为。知道这种技术的存在，知道有人可能在监视自己，意味着你会改变自己的行为。

这就是我们的未来，乔治·奥威尔和其他人曾经对此发出过警告。

8.6 “同性恋雷达”机器

在斯坦福大学组织行为学副教授米哈尔·科辛斯基（Michal Kosinski）博士的研究中，我们可以看到未来令人不安的例子。不得不说，科辛斯基似乎在不顾一切地引起争议。他曾经在剑桥大学攻读博士学位，研究脸书的“点赞”如何预测人们的性格。他的博士学位评审亚历山大·科根（Aleksandr Kogan）博士继续为剑桥分析公司开发应用程序，从脸书收集此类信息并将其用于不道德的目的。

2018年，科辛斯基和其合作者王一伦（Yilun Wang，音译）发表了一项颇有争议的研究，声称计算机视觉算法可以从一个人的面部图像中预测其性取向，从而成为头条新闻。2021年，科辛斯基发表了后续研究，声称计算机视觉算法也可以预测出一个人的政治倾向，依据同样是单一的面部图像。这些都是技术上的例子，如果能正确预测，那会令人不寒而栗；如果不能正确预测，也会令人不寒而栗。

设想一下，你们可以从一张图片中预测出某人的性取向。在许多国家，同性恋仍然是非法的。在阿富汗、文莱、伊朗、毛里塔尼亚、尼日利亚、沙特阿拉伯、索马里和阿联酋，同性恋者甚至可能被判处死刑。在其他几个国家里，同性恋者面临着迫害和暴力。那么，你一定会问，为什么王一伦和科辛斯基一开始的时候要进行这项研究。能从某人的脸部图像中检测出其性取向的软件能带来什么好处？不难想象，人们会用这种软件做一些可怕的事情。

王一伦和科辛斯基在回应中说：

> 有些人可能会想，这些发现是否应该被公之于众，从而导致有人研发我们所警告的这种应用。我们也有这种担忧。然而，由于一些政府和公司似乎已经在部署基于人脸的分类器，用于检测私密特征，因此迫切需要让政策制定者、公众和同性恋群体意识到他们可能已经面临的风险。推迟或放弃公布这些发现可能会剥夺个人采取预防措施的机会，使决策者失去推行立法保护人民的能力。

我是这些人中的一员，想知道该发现是否应该被公开。声称可以通过一张图片识别出性取向，会不会促使其他人开发软件来实施这样的行为？在那些将同性恋判定为非法的国家中，个人可以采取什么预防措施？面部手术或逃离该国似乎是他们避免伤害的唯一选择。

还有一个令人感到困扰的问题是，人们是否真的能从人脸上检测出性取向。面相学——从面部特征来判断人的性格的"科学"——有一段麻烦不断且在很大程度上被否定的历史，可以追溯到中国古代和古希腊。王一伦和科辛斯基的工作只是让水变得更加浑浊。

王一伦和科辛斯基在报告中说，在给定一张人脸图像的情况下，他们的分类器可以在81%的案例中正确区分同性恋和异性恋男性，而女性案例的正确率是74%。相比之下，他们在报告中说，在同样的图像上，人类判断的准确率要低一些：对于男性，是61%；对于女性，是54%。

然而，王一伦和科辛斯基的研究在其设计和执行中存在诸多问题，以至于计算机视觉软件能否从人脸图像中准确预测出一个人的性取向还远未可知。对数据进行的更仔细的分析表明，该软件并没有挑选面部特征，而是挑选其他线索，如发型、口红、眼线和眼镜来识别。

如果发现女同性恋者比女异性恋者更少地使用眼线，你会感到惊讶吗？该软件似乎是在使用这一线索。或者说，年轻的男同性恋者比男异性恋者更不可能有浓密的面部毛发？同样地，软件似乎也在使用这条线索。另一个重要线索是这个人是否在微笑。男同性恋者比男异性恋者更有可能微笑，而女同性恋者则不太可能微笑。

图片本身也是有问题的，不包括有色人种。这些图片是在未经参与者同意的情况下从某个约会网站上抓取的。双性恋和其他形式的性取向被忽略了。当然，我们现在已经了解到性取向不是二元的东西。人们并不像是研究人员在分类器中认定的那样，简单地被分成异性恋者或同性恋者。

声称该软件在预测性取向上比人类更准确也是有问题的。人类专家只是他们在亚马逊的“土耳其机器人网站”付费请来进行预测的随机人员。我们完全不清楚这群人是否擅长这项工作或者有动力做出良好的预测。

最后，王一伦和科辛斯基的统计数字——比如将男同性恋者从男异性恋者中分辨出来的准确率达到 81%——由一个同性恋者和异性恋者比例相同的测试集计算出来的。如果测试集中有 7% 的同性恋者和 93% 的异性恋者，就像美国人口中的比例那样，那又会发生什么？准确率将随之大幅下降。在这样的千人样本中，在被他们的分类器预测为最有可能是同性恋的 100 人中，只有 47 人是真正的同性恋。这意味着 53% 的人被错误地分类。现在看来，该软件的表现并没有那么好。

然而，无论其优点和缺点如何，科辛斯基确实达到了他的目的，即通过他的研究和他所发明的人工智能所预测的未来扰乱我们。

8.7 林中之树

埃里克·施密特（Eric Schmidt）是被请来担任谷歌首席执行官的“大人”，负责管理谷歌的创始人拉里·佩奇和谢尔盖·布林。施密特对谷歌的产品战略有如下著名描述：“谷歌在很多事情上的政策是直接抵达那条隐形界线（creapy line），而不是越过它。”

在公司成立之初，谷歌就踏上了这条隐形界线。2004 年，当谷歌向公众推出 Gmail 服务时，许多隐私组织抱怨说，谷歌通过阅读人们的电子邮件，从而根据文本内容在电子邮件旁边放置广告。这是突显出来的另一个隐私问题。几个世纪以来，我们一直担心他人会阅读我们的信件。在某种程度上，密码学的发明就是为了应对这种担忧。而在Gmail出现之前，人们早就在阅读别人的电子邮件了。

早在20世纪80年代，当我刚开始使用电子邮件时，人们就在热议说，联邦调查局和其他机构会阅读含有“炸弹”和“恐怖分子”等触发词的电子邮件。一些人在他们电子邮件的结尾处添加了充满这种触发词的签名，希望让人类检查者疲于奔命。现在的不同之处在于，谷歌已经创建了相应的基础设施，可以大规模地做到这一点，而且谷歌对自己正在做的事情非常公开。谷歌无视关于Gmail的隐私投诉，继续读取所有人的电子邮件并放置广告。

当然，从技术上讲，并没有人在阅读这些邮件。哲学家们曾辩论过这样一个问题：假如一棵树在森林里倒下了，在周围没有人的情况下，它到底有没有发出声音呢？如果一个算法——而不是一个有意识的头脑——正在阅读你的电子邮件，你的隐私是否真的受到侵犯了呢？

尽管可以通过这种哲学方式进行开脱，2013年5月，还是有人对谷歌提起集体诉讼，声称它“非法打开、阅读和获取人们的私人电子邮件信息内容”，违反了窃听法。在为自己辩护时，谷歌辩称，4.25亿Gmail用户想要获得保密的通信并不是“合理的期望”。

该醒悟了吧，Gmail用户？

谷歌声称：“就像一个寄件人给商务伙伴写信，他不会对收件人的助理打开信件感到惊讶，今天使用基于网络的电子邮件的人，如果在发送过程中，他们的通信被收件人的电子通信服务（ECS）提供商进行处理，他们也不应该感到惊讶。”

谷歌的类比有些问题。我能接受邮递员阅读我明信片上的地址；如果他进一步阅读上面的信息，我会有点失望（但也许不会太惊讶）。但是，如果邮递员拆开我的信，阅读信件内容，然后附上一张我可能感兴趣的商业传单，我就会很不高兴。

对于那些习惯于硅谷玩法的人来说，这个故事在 2018 年出现了一个熟悉的转折。有消息称，谷歌不仅在阅读电子邮件，还将电子邮件的内容提供给第三方应用程序。更糟糕的是，这些应用程序开发公司的员工阅读了成千上万的电子邮件。这听起来很熟悉，让第三方应用访问私人数据正是脸书与剑桥分析公司陷入麻烦的原因。

如果说我们能从这些令人遗憾的故事中吸取什么教训的话，那就是，除非我们采取保障措施，否则技术将不可避免地变得令人毛骨悚然。

8.8 模拟隐私

热力学第二定律指出，一个系统的总熵——无序的程度——只会不断增加。换句话说，秩序的总量只会不断减少。隐私与熵类似。隐私只会不断减少。隐私是你无法收回的东西。我不能从你那里收回我在洗澡时歇斯底里唱歌的事实，你也不能从我这里收回我发现你投票给谁的事实。

隐私有各种不同的形式。有一种是数字在线隐私，它涉及我们在网络空间的所有生活信息。你可能认为我们已经丧失了数字隐私。我们已经把太多的隐私交付给脸书和谷歌等公司。还有一种是模拟离线隐私，它涉及我们在物理世界的所有生活信息。我们是否有希望掌控我们的模拟隐私？

问题在于，我们正在将自己、家庭和工作场所与许多互联网设备连接起来：智能手表、智能电灯、烤面包机、冰箱、体重计、跑步机、门铃和门锁。而所有这些设备都是相互联系的，仔细记录着我们所做的一切——位置、心跳、血压、体重、脸上的微笑或皱纹、食物摄入量、如厕次数、健身情况。

这些设备会全天 24 小时监测我们，而像谷歌和亚马逊这样的公司则整理所有这些信息。大家觉得最近谷歌为什么要收购 Nest 和 Fitbit？亚马逊为什么要收购 Ring 和 Blink 这两家智能家居公司，并研发自己的智能手表？因为它们正在进行“军备竞赛”，想更好地了解我们。

这样做对这些公司的好处是显而易见的。它们对我们了解得越多，就越能针对我们投放广告和产品。这涉及亚马逊著名的飞轮理论。它们售出给我们的许多产品都会收集我们的数据。而这些数据将有助于它们针对我们，让我们更多地购物。

这带给我们的好处也很明显。所有这些健康数据可以帮助我们变得更健康。我们的寿命会变长，生活将变得更便捷，当我们进入房间时，灯会自动打开，恒温器会自动调节到我们喜欢的温度。这些公司对我们越了解，它们的推荐也就越适合我们。它们只会推荐我们想看的电影、想听的歌曲和想购买的产品。

但其中也有许多潜在的隐患。如果你每错过一次健身课，你的健康保险费就会增加，那怎么办？如果你的智能冰箱订购了太多你喜欢的食品，那该怎么办？如果雇主因为你的智能手表显示你工作期间如厕次数太多，解雇了你，那怎么办？

有了我们的数字自我，我们可以伪装成另一个人。我们可以对自己的喜好撒谎。我们可以使用虚拟专用网络（VPN）和假的电子邮件账户进行匿名连接。但要对模拟自我撒谎就难多了。我们几乎无法控制我们的心跳频率，也无法控制瞳孔扩张程度。

我们已经看到，政党根据我们的数字足迹操纵我们的投票方式。如果他们真的了解我们对他们的信息所做的身体反应，他们还会做什么？想象一下，一个能够获取每个人的心跳和血压数据的政党。即使是乔治·奥威尔也料想不到这一步。

更糟糕的是，我们正在把这些模拟数据交给那些不善于与我们分享利润的私营公司。当你把唾液送到23andMe进行基因测试时，你让其获得了你的核心——你的DNA。如果23andMe碰巧利用你的DNA信息，研发出你所罹患的罕见遗传病的治疗方法，你可能需要为这种治疗付费。23andMe的条款和条件明确了这一点：

> 你了解到，通过提供样本，让你的遗传信息被我们处理，从而让我们获得你的遗传信息；或者，通过你提供的自述报告信息，你对23andMe或其合作伙伴可能开发的任何研究或商业产品不享有任何权利。你明确了解到，对于任何研究或商业产品含有你的遗传信息或自述报告信息，或者由你的这些信息所产生，你都不会获得补偿。

8.9 一个私密的未来

那么，在一个人工智能的世界里，我们可以如何制定保障措施来保护我们的隐私？我有两个简单的解决方法。一个是监管，可以在今天实施。另一个是技术性的，是未来的事情，那时候我们会拥有更聪明、更有能力捍卫我们隐私的人工智能。

技术公司都有很长的服务条款和隐私政策。如果你有很多空闲时间，你可以阅读它们。卡内基梅隆大学的研究人员通过计算表明，每个互联网用户平均每年要花 76 个工作日来阅读网上的同意条款。如果你不喜欢阅读同意条款，你有什么选择？

今天，你所能做的，似乎就是退出登录，不使用他们的服务。你不能要求这些技术公司提供更多的隐私保护。如果你不希望 Gmail 阅读你的邮件，你就不能使用 Gmail。更谨慎的做法是，你最好不要给任何拥有 Gmail 账户的人发邮件，因为谷歌会阅读任何通过 Gmail 系统的邮件。

因此，这里有一个简单的做法。所有的数字服务必须提供四个可变的隐私级别。

一级：除了用户名、电子邮件和密码之外，它们不保留任何关于你的信息。

二级：它们保留你的信息是为了向你提供更好的服务，但它们不会与任何人分享这些信息。

三级：它们保留你的信息，并可能与兄弟公司分享。

> 四级：它们收集关于你的信息，并认为这些信息都是公开信息。

而你可以在设置页面一键改变隐私级别。而且任何改变都是具有追溯效力的，所以如果你选择了一级隐私，除了你的用户名、电子邮件和密码，该公司必须删除他们目前拥有的关于你的所有其他信息。此外，还有一项要求，即所有超出一级隐私范围的数据在三年后都要被删除，除非你明确选择保留这些数据。我们可以将此视为一种被遗忘的数字权利。

我是在 20 世纪 70 年代和 80 年代长大的。值得庆幸的是，我年轻时的许多不良行为已经消失在时间的迷雾中。当我申请一份新工作或竞选政治职位时，它们不会困扰我。然而，我担心今天的年轻人，他们在社交媒体上的每一篇帖子都会被存档，等待一些潜在的雇主或政治对手打印出来。这就是为什么我们需要一个被遗忘的数字权利的原因。

对此，我们有一个技术解决方案。在未来的某个时刻，我们所有的设备都将包含人工智能代理，帮助我们建立连接，也可以保护我们的隐私。人工智能将从中心转移到边缘，远离云端，进入我们的设备。这些人工智能代理将监测进出我们设备的数据，尽力确保我们想要保密的数据不被分享。

今天我们可能处于技术的低谷。想要做一些有趣的事情，我们需要将数据发送到云端，以利用云端巨大的计算资源。例如，苹果智能语音系统并不在你的苹果手机上运行，而是在苹果庞大的服务器上运行。一旦数据脱离了你的掌控，你可能会认为它被公开了。但我们可以期待这样一个未来：人工智能足够小、足够聪明，可以在你的设备上运行，而你的数据永远不需要被传送到任何地方。

这就是人工智能化的未来，技术和监管将不仅有助于保护我们的隐私，甚至还能增强我们的隐私。

第 9 章

地球

CHAPTER 9

我现在想谈谈更大的伦理问题。除了公平和隐私，还有第三个必须紧急解决的伦理问题，因为人工智能在我们的生活中扮演着越来越重要的角色。事实上，这可以说是 21 世纪人类面临的最大伦理问题。毫无疑问，这个问题就是全球面临的气候紧急状况。

我们要给我们的孩子留下什么样的星球？我们如何避免气候发生不可逆转的变化，从而对地球上的生命造成灾难性的伤害，包括酷热天气和干旱、飓风和台风、生态系统崩溃和生物大灭绝、粮食短缺和饥荒、死亡和疾病、经济困境和越来越大的不平等？

今天，我们必须考虑人工智能如何应对这一伦理挑战。一方面，人工智能如何能够帮助我们解决气候紧急状况？另一方面，人工智能会如何加剧这种情况？

9.1 绿色人工智能

在过去的几年里，担心人工智能算法会消耗大量能量已经成为一个热点。以下是澳大利亚国立大学工程学院院长接受《澳大利亚金融评论》（*Australian Financial Review*）采访时说的话："（人工智能内部）对可持续发展目标也有强烈的兴趣，这似乎与人工智能不符，但目前世界 10% 至 20% 的能源消耗在数据上。”

这简直是大错特错。世界上所有的能源消耗中，只有不到 20% 是电力。而所有电力中只有不到 5% 是用来为计算机供电的。这意味着全世界只有不到 1% 的能源消耗用于所有数据计算。而人工智能只占其中的一小部分。因此，人工智能消耗的能源只占世界能源的一小部分。

我怀疑，像这样的错误传言可以追溯到 2015 年被广泛报道的一项研究。该研究预测，到 2030 年，数据中心可能会消耗全球一半的能源，将产生并排放全球排放量的四分之一的温室气体到大气中。然而，实际情况似乎完全不同。

数据中心的效率提升速度超过了其规模增长速度，而且在大多数情况下，它们已经转向绿色可再生能源。因此，它们的碳足迹并没有像 2015 年预测的那样增加。事实上，如果说有什么变化的话，数据中心的占地面积可能会略有减少。当然，如果数据中心行业在其绿色未来方面更加透明，就更具积极意义。但是，即使我们不考虑该行业对未来的承诺，它做得也相对不错。

另一个角度不是考虑人工智能总的碳足迹，而是单个考察。一个人工智能模型使用多少能源，产生多少二氧化碳？这不是一个容易回答的问题。例如，有许多不同尺寸的机器学习模型。在 2020 年 5 月，OpenAI 发布 GPT-3。在当时，这是有史以来最大的人工智能模型，拥有令人印象深刻的 1 750 亿个参数。

训练这个巨大的模型估计会产生 85 000 千克的二氧化碳。

具体地说，这相当于4个人乘坐商务舱从伦敦到悉尼往返旅行所产生的排放量。如果你对商务舱没什么概念的话，也可以说，这相当于在同一次旅行中8个经济舱座位的乘客贡献的排放量。

这个85 000千克二氧化碳的排放量是假设训练模型所产生的能量来自传统的电力。在实践中，许多数据中心是靠可再生能源运行的。三大云计算供应商是谷歌云、微软Azure和亚马逊网络服务。谷歌云声称拥有“净零碳排放”。微软Azure 60%的云计算利用可再生能源运行，并在2014年达到了100%。事实上，到2030年，微软计划实现负碳排放。亚马逊网络服务是规模最大的云计算供应商，拥有远远超过三分之一的市场份额，其绿色程度较低。然而，它已承诺到2040年实现净零排放。今天，如果考虑到抵消因素，亚马逊大约50%的云计算使用可再生能源。

即使GPT-3仅仅使用来自化石燃料的能源进行训练，要抵消其产生的二氧化碳也不会太昂贵。我把数字输入myclimate网站，得出了一个粗略的估计，可以算出这将花费多少钱：你需要在发展中国家和新兴工业化国家的项目上投资3 000美元，以抵消训练GPT-3产生的二氧化碳。这听起来似乎很多，但是训练GPT-3的计算费用将超过400万美元——如果微软没有将其云计算作为战略投资一部分捐给OpenAI启动项目的话。

同样值得注意的是，像GPT-3这样的模型在很大程度上是一个异类。地球上只有7家左右的研究实验室拥有足够的资源，去构建如此大的人工智能模型。这7家实验室分别是：DeepMind、谷歌大脑（Google Brain）、微软研究院、脸书研究院（Facebook Research）、IBM、OpenAI、百度研究院。差不多就这些了。GPT-3 比大多数人工智能研究人员建立的模型要大几千倍，而且训练这些小型模型只产生几千克而不是几吨的二氧化碳。

训练和预测之间也需要进行区分。训练模型的成本要比使用它进行预测的成本高得多。训练可能需要几天甚至几个月的时间，在几千或几万个处理器上进行。另一方面，预测需要的时间是几毫秒，往往只需要一个内核。即使使用非常大的 AI 模型进行预测，所产生的二氧化碳量也是以克来衡量的。因此，我们应该将训练模型时产生的二氧化碳量除以模型用于实际预测的次数。

9.2 从中心到边缘

我在前面提到过，人工智能将从中心转移到边缘——也就是说，离开云端，进入我们的设备。例如，语音识别不会像现在这样在云端进行，而是在我们的设备上进行。这将有助于维护我们的隐私，因为我们的个人数据不会被传输到任何地方。

人工智能向边缘发展的这种趋势也将有助于抑制人工智能模型日益增长的能源需求。通过日益庞大的计算密集型深度学习模型，人工智能最近取得了许多进展。事实上，运行这些越来越大的模型对计算能力的需求，比对运行这些模型的计算机功率的需求上升得更快。

1965 年，英特尔公司的联合创始人戈登·摩尔（Gordon

Moore）提出了一个了不起的发现，即芯片上的晶体管数量大约每两年翻一番。晶体管的数量是衡量芯片功能的粗略标准。这被称为摩尔定律。这是一个已经存在了半个多世纪的经验法则，但是，随着我们不断接近晶体管的量子极限尺度，现在这条法则即将失效。

2012 年之前，人工智能研究紧密地遵循摩尔定律，产生最新技术成果所需的计算量每两年就会翻一番。但随着深度学习革命的兴起，大型科技公司为了取得进展，专门将越来越多的云资源投向人工智能。自 2012 年以来，实现最新先进成果所需的计算量每三四个月翻一番。这样迅猛的速度显然是不可持续的。

自 2012 年以来，人工智能的进步不仅体现在计算方面，底层算法也一直在改进。而且，算法的改进比摩尔定律还要快。例如，自 2012 年以来，在图像识别这样的人工智能问题上，实现特定性能所需的计算量每 16 个月减半。换句话说，自 2012 年以来，图像识别方法由于硬件而提升了 11 倍，正如摩尔定律所预测的那样。与此同时，由于更智能的算法，软件性能提升了 44 倍。

这些算法的改进意味着我们越来越有能力在自己的设备上运行人工智能程序。我们将不必利用大量的云端资源。此外，由于我们的设备体积小，加上电池技术的限制，我们会用越来越少的电量完成越来越多的人工智能工作。

人工智能会带来很多弊端，但是能源的耗费可能只是一个较小的弊端，而且也不难解决。

9.3 石油巨头

我们也许应该更加关注科技巨头和石油巨头之间的关系。硅谷已经盯上了休斯敦。所有的科技公司都在与石油和天然气公司签署利润丰厚的交易合同，出售云服务和人工智能服务。

2018 年，谷歌为此成立了一个石油和天然气部门。谷歌承诺，其人工智能工具和云服务将使化石燃料公司能够更好地依据数据采取行动。也就是说，它将帮助这些公司更快、更有效地从现有储备和新储备中提取石油和天然气。

微软也在此领域寻求合作。2019 年 9 月，该公司宣布与石油和钻井巨头雪佛龙（Chevron）和斯伦贝谢（Schlumberger）合作。当时雪佛龙公司负责技术、项目和服务的执行副总裁约瑟夫·吉吉（Joseph C. Geagea）说，这项合作将“带来新的勘探机会，迅速带来更确定的发展前景”。

亚马逊网络服务也一直在寻找机会，吸引石油和天然气行业使用其云服务。直到 2020 年 4 月为止，亚马逊网络服务一直在运营一个专门针对石油和天然气公司的网站，承诺“加快数字化转型，释放创新，优化生产和赢利能力，提高成本和运营效率，在当今全球能源市场的压力下进行竞争”。现在，它已经用另一个网站取代了该网站，新网站更多地谈论可再生能源和可持续性发展，但是所描述的解决方案仍然侧重勘探和开采。

我们不应该鼓励开采化石燃料。如果我们想在造成过大危害之前解决气候紧急状况，必须要尽可能地将碳保留在地下。既然科技公司有很多其他的赚钱方式，如果它们还要帮助市场加快寻找新化石燃料的进程，这似乎很不负责，也不明智。

这里有一个不太为大众所知的重要的统计数字：全球 71% 的碳排放量来自 100 家公司。自政府间气候变化专门委员会于 1988 年成立以来，所有工业排放的一半以上都可以追溯到这 100 家公司中 25 家的行为。我们需要让这些公司为其对地球产生的影响负责。对于那些通过提供技术支持来支持这些特大污染企业的公司，我们还应该追究其相关责任。

9.4 气候行动

让我们考虑硬币的另一面。人工智能可以大大帮助我们解决气候紧急状况。这是个好消息，因为时间不等人。美国国家航空航天局（NASA）报告称，2020 年全球平均表面温度与 2016 年持平，是有记录以来最温暖的年份。但是与 2016 年不同的是，2020 年的气温没有受到强厄尔尼诺现象的推动。当然，某一年是不是创造了纪录并没有那么重要，我们要考虑长期的趋势。但是这些趋势看起来并不乐观。过去 7 年是有记录以来最温暖的 7 年，而且极端事件越来越多，如丛林火灾、飓风和干旱。

人工智能已经或将在很多方面帮助我们应对气候紧急状况。也许它最直接的作用就是帮助我们提高效率。如果我们耗费更少的能源、降低浪费，我们向大气层排放的二氧化碳就更少。人工智能可以帮助我们个人，也可以帮助整个人类。一方面，我们家中更先进的智能电器可以使用更少的能源，能为我们省钱。另一方面，能源公司可以借助大量的数据来预测能源的产生和需求，预测天气模式、风力和太阳能，以便我们能够更好地利用可再生能源。

人工智能可发挥巨大潜力的另一个领域是交通。运输业约占全球二氧化碳排放量的四分之一。人工智能可以成为减少这些排放的重要因素。

我曾与一些大型跨国公司合作，帮助他们优化供应链。我的算法解决了数学家所谓的“旅行商问题”（travelling salesperson problems），为卡车车队寻找最佳路线。这样的算法通常可以减少 10% 的运输成本。首席执行官们很乐意看到在运输上的支出减少 10%，因为这直接有助于赢利，这也意味着他们的卡车少开了 10% 的千米数，因此减少了 10% 的燃料消耗，进入大气层的二氧化碳也减少了 10%。

人工智能发挥作用的其他领域体现在各种形式的生产中。以水泥的生产为例，仅此一项就占了全球温室气体排放的 5%。麦肯锡公司（McKinsey）的一项研究发现，人工智能可以提高生产能力，并且能够使一个标准水泥厂能耗减少 10%。能够减少二氧化碳排放，并且增加利润，还有什么比这更让首席执行官们开心的事情？钢铁生产占全球碳排放量的近 5%，同样可以从使用人工智能中受益。

当然，仅仅依靠人工智能还不足以防止气候发生不可逆转的破坏性变化。在这里或那里减少 10% 的碳排放量是不够的。我们需要达到净零排放。要做到这一点，我们必须从根本上改变我们的生活方式，这样我们在地球上的脚步才能更加轻盈。

我们需要少吃肉，多吃本地蔬菜。实行减量化、重复使用和循环回收。但是，在人工智能的帮助下，我们或许能保留在过去100年中养成的少量不良习惯。

9.5 人工智能，成就美好

人工智能的潜在好处不仅仅是解决气候紧急状况。令人欣慰的是，在过去的10年中，研究人员迅速地接受了人工智能的理念，并将其用于成就美好。

人工智能制造的一个伦理难题是，它在很大程度上是把双刃剑。它可以被用来行善，也可以用来作恶。那么，我们如何鼓励善意的使用，避免恶意的使用？

用于自动驾驶汽车以跟踪和避开行人的计算机视觉算法，也可以用于自动无人机以跟踪和锁定地面上的目标。我们希望这种跟踪算法得到发展和完善，使自动汽车更加安全。但是，我们如何防止同样的算法被用于更具伦理挑战性的用途，例如用于自杀式无人机？人脸识别软件可以用来识别在火车站迷路的小孩，也可以用来识别在和平政治示威中的抗议者，并逮捕他们。我们可能热衷于使用这样的技术来寻找走失的孩子，但我们如何防止专制政权滥用同样的软件？

对于人工智能研究者，特别是在大学工作的研究者来说，我们很难限制人们用我们的研究做什么。我们公开发表自己的论文。我们发布我们的代码，供任何人下载。我们与世界分享我们的成果，希望它能被采纳和应用。但我们很难阻止我们的研究被用于我们不赞成的用途。我还记得多年前在一次会议上，一位工业领域的人士走过来告诉我，他们应用了我最新的调度算法。这是我所遇到的对我研究成果的第一次实际应用。当我听说它被应用到泰勒斯公司（Thales）新的导弹系统时，我脸上的笑容顿时消失了。

作为学者，我们有很大的自由选择让我们的想法应用到哪个应用程序。因此，我的许多同行正在转向那些具有直接社会效益的人工智能应用。我们也许不能防止我们的研究被滥用，但我们至少可以通过努力把它用于有益的方面，以此促进它的积极用途。

我经常认为，这就是终身聘任制被发明的原因之一。如果这是一个企业要解决的问题，那我就没那么感兴趣了。我认为会有资金和激励来解决这个问题，所以它不需要我的帮助。如果这是一个社会问题，就没有人愿意为解决这个问题而付钱。我觉得让我来解决它非常合适！我的许多同行也是如此。

“人工智能，成就美好”已经成为人工智能的一个新兴分支，许多研讨会、会议和期刊都开始展示这一领域的工作。联合国在 2015 年提出了 17 个可持续发展目标（SDG），对该领域的大多数研究进行分类提供了一种简明的方法。可持续发展目标是一套相互关联的全球目标，涉及全球的社会、经济和环境福祉，旨在到 2030 年“为所有人实现更美好和更可持续未来的蓝图”。

2017 年的联合国决议确定了 169 个不同的目标，使这份蓝图更具可操作性。例如，2030 年的健康目标包括将全球孕产妇死亡率降至每 100 000 名活产婴儿死亡 70 人以下，将新生儿死亡率降至每 1 000 名活产婴儿死亡 12 人或更少，将 5 岁以下儿童死亡率降至每 1 000 名活产婴儿死亡 25 人或更少。因此，这是一个构建更美好、更友善、更可持续地球的行动计划。

根据征询专家之后形成的共识，人工智能可能有助于实现这 169 个目标中的 134 个。很难想象还有什么技术可以在 2030 年带来这么多的变化。另一方面，这些专家达成的共识也认为人工智能可能会抑制其中 59 个目标的实现。在一个粗略的意义上，我们是否可以认为，人工智能带来的善行将是恶行的两倍?

例如，预测性警务工具可以帮助实现第 11 个可持续发展目标:“使城市更安全”。另一方面，它们可能会阻碍第 16 个可持续发展目标:“为所有人伸张正义”。第二个例子是，在这 169 项目标中，有一项旨在将全球道路交通事故造成的死亡和受伤人数减半，因此，自动驾驶汽车肯定是不可或缺的组成部分。另一方面，由于取消了许多卡车和出租车司机的工作，自动驾驶汽车可能会阻碍这 169 项目标中另一项目标的实现:“为所有人提供充分的生产性就业和体面的工作”。

天下的事情就是这样的，几乎没有只带来好处的技术，人工智能也不例外。

第 **10** 章

前路漫漫

CHAPTER 10

10.1 道德机器

道德机器就是能够捕捉到我们人类的价值观，并能为自己的决定负责的机器。目前我们应该很清楚，今天不可能制造出道德机器。由于诸多的原因，我怀疑人类可能永远无法做到这一点。

机器将永远是机器，也只能是机器，不具备人类拥有的道德指针。只有人类可以为自己的决定负责。机器不会受苦，也不会感到疼痛，它们感受不到惩罚。机器无法，也可能永远不会意识到自己的行为。机器的材质决定了它们不可能成为有道德的存在。

如果我们不能制造道德机器，那么我们就应该限制我们托付给机器的决定。但问题就在这里。我们不可避免地把一些决定交给机器。而且在某些情况下，如果我们这样做，可能会使世界变得更加美好。事实上，人类已经把某些决定交给了机器。

其中许多都是低风险的决定，并且可以改善我们的生活。怎样从甲地到乙地？让你的卫星导航系统决定。接下来该听什么歌？让你的智能音箱决定。在这种情况下，科技会让我们浪费的时间更少，享受音乐的时间变长。

但是，我们托付给机器的某些决定是具有高风险的。在疫情肆虐的情况下，学生们无法参加考试，我们如何对他们进行评分？我们要给哪些囚犯假释？我们要审计哪些纳税人？谁应该被列入工作面试名单？

即使机器能够比人类更好地做出这样的高风险决策，我们也可能选择不把所有这些决策交给机器。尽管人类在决策时存在着固有的缺陷，我们也可能会继续让人类做出某些高风险的决策。尽管人类容易犯错，但人类拥有同理心和责任感，这可能比冰冷地进行推理、不负责任、较少出错的机器更好。

在法庭上，也许应该总是让人类法官来决定某人是否被关押起来。机器也有可能让社会更安全，即只是把那些真正对社会构成威胁的人关起来。但这样做会改变我们生活的世界，把这个世界变成乔治·奥威尔和阿道司·赫胥黎（Aldous Huxley）等作家笔下的噩梦。

这给我们留下了一个基本的道德问题，只有我们人类才能解决。我们无法建造道德机器，但我们会让机器做出某些具有道德性质的决定。那么，在这样的情况下，我们应该如何确保世界变得更美好呢？

我相信我们还不知道这个问题的答案。但我相信人类需要一些必要的技术、监管和教育工具。

10.2 信赖人工智能

最终，我们希望打造出值得我们信赖的人工智能。这与任何其他技术都是一样的。如果我们正在建造一座核电站，我们希望它的安全系统值得信赖，这意味着不会发生堆芯熔化事故。如果我们正在建造一架新的喷气式飞机，我们希望它值得信赖，不会从天上掉下来。同样，对于人工智能系统，特别是那些具有自主性的系统，我们希望它们值得信赖，永远做正确的事情。

信赖是一头复杂的野兽，很难定义，也很难赢得。在人工智能系统的语境下，信赖可以被分解成一些理想的特征。下面我列出人工智能系统值得信赖的 7 个关键特征。

可解释性

一个具有可解释性的决策系统比一个黑匣子更值得信赖。系统产生的任何解释都需要易于理解。这些解释必须使用用户的语言，而不是系统建设者的语言。遗憾的是，今天的许多人工智能系统都没有对其决策提供有意义的解释。然而，在“可解释人工智能”（XAI）领域，有很多研究在进行。在反事实解释方法（counterfactual explanation）等几个领域，我们正在取得可喜的进展。

可审计性

当出现问题时，我们需要弄清楚发生了什么。因此，人工智能系统需要具有可审计性。在澳大利亚发明了黑匣子飞行记录仪之后，我们对飞机的信任大大提高了。然后可以对事故进行审计，识别错误并重新设计系统，以防止导致事故的事件再次发生。因此，商业飞行现在是最安全的运输方式之一。同样，人工智能系统将需要“飞行记录器”，以便在发生错误时也可以对其进行审计。

稳健性

我们信赖的系统要以可预测的方式运行，并且能够处理输入信息带来的扰动。因此，人工智能系统需要稳健地工作。遗憾的是，今天的许多人工智能系统都很脆弱，即使输入信息发生很小的变化，也会崩溃。我们如果反转枪支图像中的某个像素，物体分类系统就会错误地将图像识别为香蕉。如此容易出错的系统很难获得人们的信赖。

正确性

特别是当人类的生命受到威胁时，我们希望得到非常强有力的保证，即确保人工智能系统能够正确运行。例如，我们能否用数学方法证明飞机的电传飞行操纵系统（fly-by-wire system）永远不会崩溃？或者无论发生什么，核反应堆的水温都将保持在安全范围内？遗憾的是，许多智能任务的开放性可能意味着，只有在一些有限的环境中，我们才能正式证明系统准确无误，只做它应该做的事情。

公平性

我们期望系统能公平对待我们。例如，一个具有种族歧视或性别歧视特征的人工智能系统是不会被人们信赖的。虽然有很多例子表明人工智能系统不公平，但它们实际上有可能比人类更公平。人类的决策充满了有意识和无意识的偏见。另一方面，人工智能系统可以以证据为基础，如果审慎地进行编程，客观上来说，会更加公平。

尊重隐私

人工智能系统在工作速度、规模和成本上的表现意味着我们可以利用它们，完成威胁人类隐私的任务。人脸识别系统可以监视每个角落，语音识别软件可以监听每一通电话，而自然语言系统可以阅读每封电子邮件。我们很可能会不信任侵犯我们隐私或粗暴对待我们数据的系统。

透明性

人工智能系统可以赢得人们信赖的第七个特征——也许是最被高估的特征——是透明性。透明性是获得人们信赖的一种有效手段。然而，正如我稍后讨论的那样，透明性也有缺陷。而且，透明性本身并不一定会产生信任。WhatsApp 打算开始与脸书分享我的信息，这种透明性只会使我对它的信任减少，而不是增加。

***

我们仍在研究如何设计具有上述所有特征的系统。事实上，即使只具有其中少数几个特征，我们几乎也不知道如何研发出来。而且，信赖不仅仅是一个工程问题。我们需要考虑人工智能系统所在的更广泛的社会技术环境。

例如，我们如何建立规范，以提高人们对人工智能系统的信赖？什么样的监管环境将有助于产生信赖？我们如何防止自动化偏见破坏人们对人工智能系统的信赖？此外，人工智能系统提供什么样的解释才能获得人类的欣赏和信赖？

值得注意的是，我们信赖的人也常常缺乏这些特质。例如，通常，我们并不善于解释自己。我们所有人都会做出具有偏见的不公平决策。我们不仅无法证明我们决策的正确性，实际上，行为心理学有很多证据表明，我们的许多决策是有缺陷和不正确的。最后，尽管在科学认识上，我们取得了惊人的进步，但人类的大脑远非透明。

然而，这样要求人工智能并不是双标。我们应该用比人类更高的标准来要求机器。这有两个重要原因。首先，我们应该以更高的标准来要求它们，因为机器与人类不同，没有也可能永远不会有责任感。我们可以忍受人类决策缺乏透明性，因为当出现问题时，我们可以要求人类承担责任，甚至惩罚他们。其次，我们应该以更高的标准要求机器，因为我们能够做到这一点。我们同时应该致力于提高人类决策的质量和可靠性。

10.3 透明性

在人工智能系统中，透明性常常被认为是产生信赖的重要方式。例如，IBM 已经将透明性作为其使命的核心部分，将其列为使用人工智能的 3 个伦理指导原则之一。但将透明性提升到非常重要地位的并不只是 IBM。

例如，2019 年，欧盟委员会发布了相应的准则，满足这些准则的人工智能系统则被视为是值得信赖的。透明性是其中 7 个关键特征之一。从二十国集团政府到深度思考（DeepMind）和德国电信（Deutsche Telekom），许多其他组织也呼吁提高人工智能系统的透明性。

透明性无疑是建立信赖的有用工具。但是，充其量，它只是达到目的的一种手段。它本身并不是目的。脸书的透明性报告大胆地宣称：

> 我们致力于使脸书成为一个开放和真实的地方，同时保护人们的私人数据，并使我们的平台对每个人都安全。我们定期发布报告，以使我们的社区了解我们如何执行政策、响应数据请求并保护知识产权，同时监测对访问脸书进行限制的产品的动态。

尽管具有这种透明性，但脸书是 4 个科技巨头中最不受信赖的。在最近的一项调查中，只有 5% 的人信任该公司。我怀疑脸书提高透明性只会增加公众对它的不信任。

在许多情况下，提高透明性是不可取的。例如，许多公司利用商业秘密来保护宝贵的知识产权。谷歌不分享其搜索算法中的秘密是正确的。这不仅是保护其投资于改进搜索的数十亿美元的唯一方法，也有助于防止行为不端的人操纵搜索结果。在这种情况下，提高透明性将是一件坏事。

然而，有一个领域，我们可以提高透明性。这就是在使用人工智能时让人们知情。2016 年，我提出了一项新的法案，以确保在使用人工智能方面有更好的透明性。我将其命名为《图灵红旗法案》(*Turing Red Flag law*)，以纪念人工智能领域的创始人之一艾伦·图灵，同时也是为了纪念在汽车发展初期，那些走在汽车前面挥舞红旗的人，他们警告人们注意路上出现的这些奇怪机械。《图灵红旗法案》指出：“设计出来的人工智能系统不应该被误认为是人类。”

没过多久，就出现了可能需要应用我的新法案的情况。例如，在 2018 年，谷歌研发出新的语音助手 Duplex。2018 年 5 月，在加利福尼亚州山景城举行的谷歌旗舰开发者“开发 / 创新”（I/O）大会上，Duplex 的演示抢尽了风头，也成了全球关注的头条新闻。

在 Duplex 演示中，电脑语音助手给一个美发师打电话进行预约，然后给一家餐馆打电话预约餐位。语音助手与对方进行了完全逼真的对话。接电话的人似乎不知道这是一台计算机，并不是真实的人在跟他们说话。为了达到以假乱真的效果，语音助理像真人一样说话。我曾经向许多人播放过这个演示。大多数人都搞不清楚谁是真人，谁是计算机。

就像我当时告诉记者的那样，这除了欺骗，还有什么可能的原因呢？更糟糕的是，我认识的谷歌内部人士告诉我，有人建议管理层，在任何电话开始时提醒对方打电话的是计算机，而不是真人，但管理层选择无视这一建议。很少有人看到，具有讽刺意味的是，谷歌首席执行官桑达尔·皮查伊（Sundar Pichai）在那年的“开发 / 创新”大会上发表主题演讲，反思了技术开发者（尤其是人工智能开发者）的责任。

我逐渐意识到，我的红旗法案收效甚微。我们还需要担心相反的事情——防止人们在没有使用人工智能的情况下假装在使用人工智能。这是一种常见的欺骗方式，以至于人工智能研究人员给它起了一个名字，称之为“奥兹巫师”（Wizard of Oz）实验。

例如，在2019年，一家名为“人工智能工程师”（Engineer.ai）的印度初创公司声称正在使用人工智能来自动开发移动应用程序。但事实证明，这家公司开发的应用程序是由人类工程师编写的。该公司只是使用人工智能做一些简单的任务，如给不同工作定价和分配人力资源。毫无疑问地，围绕这家初创公司的人工智能炒作帮助创始人筹集了近 3 000 万美元。

这只是众多假装成功的故事之一。像 X.ai 和 Clara 这样的公司让人类假装成聊天机器人，提供为客户安排行程的服务。安排行程是一项令人厌烦的工作，据报道，从事这项工作的人类员工说：“他们期待着被机器人取代”。商业费用管理应用 Expensify 被迫承认，它一直在使用人工转录收据，但谎称这些收据是使用“智能扫描技术”处理的。这些收据被转交给亚马逊的“土耳其机器人”，那里的低薪工人负责阅读并抄写这些收据——这是明显涉及隐私的欺骗行为。

因此，我正在更新和扩展我提议的法案。《图灵红旗法（扩展版）》指出：“设计出的人工智能不应该被误认为是人类。同样，在没有使用人工智能时，系统不应该假装使用人工智能。”

10.4 技术解决方案

那么，我们的目标应该是建立值得信赖的人工智能系统。今天，我们还不知道如何做到这一点。但我们至少可以确定一些有助于建立信任的技术、监管和教育工具。从技术角度来看，这意味着建立可解释、可审计、稳健、(可证明)正确、公平、尊重隐私和(在合适情况下)透明的系统。

以隐私为例。确保系统尊重人们隐私的一个既定方法是“隐私保护设计”(privacy by design)。这是一种成熟的系统研发方法。该方法基于 7 个基本原则，例如：隐私是默认设置，系统是预防性的而不是补救性的。由于隐私一旦被侵犯，就无法恢复，将这种积极的方法嵌入到系统的设计中似乎是一个好主意。

这种“从设计着手”(by design)的流行风格已经得到推广，应用于可信系统的其他领域。你现在听到的是，在建立人工智能系统的过程中，通过设计使其公平，通过设计使其可解释，还有，据我所知，通过设计使其“直接抵达那条隐形界线，但是不越过它”。信赖和隐私一样，一旦丢失就很难恢复，因此，内置于系统架构中的主动方法听起来也是一个好主意。

随着计算向边缘转移，从云端转移到我们的设备上，信赖可能会更容易实现。目前，数据离开了你的设备，最终被传送到某个巨大的服务器农场(server farm)中。数据一旦离开了你的设备，如何确保你的隐私得到尊重，确保你的数据不会发生任何不测，这是一个真正的挑战。最好一开始就不要交出你的数据。

更多的摩擦可能是有益的。具有讽刺意味的是，互联网的发明是为了消除摩擦——特别是为了让人们更容易分享数据，更快速、更轻松地进行沟通。然而，我开始认为，这种缺乏摩擦是许多问题的根源。在现实世界，高速公路有速度和其他限制。也许互联网高速公路也需要一些更多的限制?

一幅著名的漫画描述了这样一个问题：在互联网上，没有人知道你是一只狗。如果我们通过坚持身份检查来引入摩擦，那么围绕匿名和信任的某些问题可能会消失。同样，对社交媒体内容如何转发进行限制，可能有助于防止虚假新闻的传播。脏话过滤器可能有助于防止用户发布煽动性的内容。

另一方面，互联网的其他部分可能会从更少的摩擦中受益。脸书泄露了我们的个人数据，但为什么还是安然无恙?这里的问题之一是，人们没有真正的选择。如果你无法忍受脸书的不良行为，选择退出——正如我几年前所做的那样——那么受到最大影响的将是你自己。你不能把你所有的数据、你的社交关系、你的帖文和照片转移到其他与脸书竞争的社交媒体服务上。没有真正的竞争。脸书是一个有围墙的花园，掌握着你的数据并制定规则。我们需要开放这些数据，从而允许真正的竞争。

10.5 监管解决方案

技术上的解决方案只能让我们走到这一步。很明显，我们还需要更多的监管。长期以来，科技行业被赋予了太多的自由。垄断正在开始形成。不端行为正在成为常态。许多互联网企业与公众利益脱节。

数字监管最好应该在国家或紧密相关的贸易集团层面实施。在当前的民族主义气氛下，联合国和世界贸易组织等机构不太可能达成有益的共识。这些大型跨国机构成员的共同价值观量小力微，无法为消费者提供多少保护。

在监管科技行业方面，欧盟一直处于领先地位。《通用数据保护条例》、《数字服务法》（*DSA*）和《数字市场法》（*DMA*）是欧洲在该领域领先的良好范例。少数一些国家也开始实施监管。英国在2015年推出了谷歌税，试图让科技公司承担合理的税收份额。而在2019年新西兰基督城（Christchurch）发生可怕的枪击事件后不久，澳大利亚政府出台法规，如果科技公司未能迅速地清除恐怖的暴力信息，最高将对其处以年收入10%的罚款。不出所料，对科技公司的罚款会占到其全球年收入相当大一部分，这似乎引起了它们的重视。

人们很容易认为，澳大利亚的法律与谷歌等跨国公司无关。如果法律太严苛，这些公司可以直接撤出澳大利亚市场。谷歌的财务人员会发现，这几乎不会对谷歌的全球收入带来变化。但是，单个国家的立法往往树立了先例，并被其他地方效仿。仅仅在英国征收谷歌税6个月后，澳大利亚就推出了自己的谷歌税。《通用数据保护条例》在欧洲生效仅一个月后，加利福尼亚州就推出了自己的版本，即《加利福尼亚州消费者隐私法》。这种连锁反应可能是谷歌如此强烈反对澳大利亚《新闻媒体议价准则》（*News Media Bargaining Code*）的真正原因。谷歌非常担心这将成为一个先例。

监管还能给哪些领域带来好处？政治是一个明显缺乏监管的领域。针对电视等广播媒体，大多数国家都有严格的法律，规定可以花费的金额，以及允许投放的政治广告类型。我们不希望媒体大亨或拥有最多资金的人通过购买电视广告来赢得选举。我们要的是拥有最佳理念和最能通过民主获得支持的人。我们认识到，媒体有能力改变人们的投票方式，但这不一定符合人们的最佳利益。然而，社交媒体比电视等传统媒体更有说服力，却受到了更少的监管。

以基于机器学习和我们的数字足迹的个性化微定位（micro-targeting）广告为例，通过以极低的成本，以真假掺杂的欺骗方式针对选民进行微观定位后，我们的政治辩论是否得到改善？当然，言论自由是非常重要的。但是，如果你要传达某种信息，也许你应该受到限制，你所采取的广播方式需要面向所有人。如果你投放定向广告的类型只是依据对方是否为你选区的选民，是否已达到投票年龄，那么政治辩论的范围会更广泛吗？

一些技术公司已经觉察到不祥之兆。推特首席执行官杰克·多尔西（Jack Dorsey）于 2019 年 10 月 30 日宣布，该公司将禁止所有政治广告，因为“政治信息的影响力应该是赢得的，而不是买来的”。其他公司似乎没这么开明。脸书继续坚称，它从政治广告中赚到的钱很少。因此，很难理解他们为什么不取消微定位政治广告的投放。也许我们应该通过监管，让他们这样做。

另一个亟须加强监管的领域是垄断。像谷歌这样的公司正面临着来自美国司法部和欧盟委员会关于其垄断行为越来越大的压力。但目前的反垄断监管似乎不足以控制它们的非竞争行为。科技巨头正变得越来越大，需要削减规模。

在美国，1890 年的《谢尔曼反托拉斯法》(*Sherman Antitrust Act*) 将注意力集中在价格垄断上。但是，当科技巨头免费提供许多服务时，想要证明消费者支付费用过高就很困难了。当然，消费者最终要通过市场上诸多被迫接受的外部成本支付过高的价格——例如，想想亚马逊利用其作为市场制造者和销售者的特权地位来挤压其他供应商的业务，或者苹果公司通过向软件开发商收取进入其应用程序商店的费用来寻租，或者谷歌剥夺了传统印刷媒体的收入。显然，我们需要对反垄断行为有更细致的看法，而不仅仅是关注服务的标价。

反垄断监管需要关注的另一个方面是管理并购的法律。在美国，1914 年的《克莱顿反托拉斯法》(*Clayton Antitrust Act*) 第 7 条旨在防止可能会大大减少竞争的公司并购。但这样的法律效果并不好。

2012 年，脸书以大约 10 亿美元的价格收购了社交媒体领域的明显竞争对手 Instagram。2014 年，它又以 190 亿美元收购了 WhatsApp。同样地，WhatsApp 是其信息服务的直接竞争对手。在被脸书收购之前，Instagram 和 WhatsApp 已经做得非常好。而且几乎可以肯定的是，从这样的收购中受益最多的是脸书，而不是消费者。

谷歌总共进行了 229 次收购，花费超过 200 亿美元，在广告、操作系统和智能设备等多个领域获得市场主导地位。亚马逊在并购领域一直保持低调，仅收购了 87 家公司，但其花费远高于谷歌——到 2020 年超过 370 亿美元。亚马逊收购竞争对手（包括一些新生竞争对手）以及邻近市场的公司，扩大了其市场力量，同样可能损害消费者的利益。

在数据方面，欧洲的《通用数据保护条例》和《加利福尼亚州消费者隐私法》等新法规有助于加强消费者的隐私保护。但这些法律只是一个开始。围绕着数据，还有许多其他新出现的问题需要监管。

例如，除非你明确同意，你的任何数据都会在 5 年后过期，这不是很好吗？然后我们可以忘记过去的轻率行为，就像忘记小时候的轻率行为一样。这种规则几乎不会阻碍像亚马逊这样的公司。实际上，这些公司只想知道你今天可能买什么，而不是你几十年前对什么感兴趣。

然后是围绕“影子”数据的棘手问题。脸书拥有那些从未签署或同意服务条款的用户资料。谷歌甚至更糟糕。它保留用户的影子档案，其中包含大量的数据和对你的分析。由于谷歌地图和安卓系统对数据的追踪，它可能知道你住在哪里，在哪里工作，与谁交往，以及你的爱好和其他私密兴趣。现有的数据监管在很大程度上无所作为，任由公司对你的资料进行分析，漠视你修正或删除这些数据的权利。

我们迫切需要在一些领域——其中许多是针对人工智能——划定红线。大多数公共和私人环境都需要禁止人脸识别和情绪检测等应用程序。同样地，我们将需要具体的法律来处理围绕自主权的棘手问题。致命性自主武器必须被禁止。在其他环境中——例如自动驾驶汽车——使用自主设备时，必须引入严格的限制和责任。

最后，科技巨头将需要像医药巨头（Big Pharma）一样受到监管。我们有监督普通公众使用药物的伦理委员会，但监管人工智能在公共场合使用的伦理委员会在哪里？当A/B实验可能改变选举结果时，我们能让科技公司在没有监督的情况下对公众进行这样的实验吗？

10.6 教育解决方案

仅仅是技术和监管方面的解决方案是不够的。监管方、政治家和广大公众需要更好地了解情况。长期以来，人工智能一直被许多人视为魔法。人们的看法往往更多地来自好莱坞而不是现实。我花了相当多的时间试图重置人们的关注点，让他们关注当前重要的事情，而不是科幻小说。

因此，我欢迎像《人工智能元素》（*Elements of AI*）这样的努力。作为2019年12月欧盟理事会主席国任期结束时的临别礼物，芬兰为全世界推出了人工智能在线速成课程。该课程实际上是针对欧洲公民的，但是任何人都可以免费注册。我鼓励大家去注册。我替大家进行了测试。它实际上相当不错！

该计划旨在以所有欧盟语言提供《人工智能元素》课程。目前，它推出了近一半的欧盟官方语言版本：英语、芬兰语、瑞典语、德语、爱沙尼亚语、拉脱维亚语、立陶宛语、法语、荷兰语和马耳他语。该课程已招收来自100多个国家的约50万名学生。令人欣慰的是，大约40%的学生是女性。在北欧国家，女性占参与者的近 60%。

像《人工智能元素》这样的倡导对于人工智能的民主化至关重要。如果人工智能仍然显得很神秘，那么我们中的许多人肯定会被利用。人们将很难做出明智的选择决定何时让人工智能进入他们的生活，何时将之排除在生活之外。对建立信赖至关重要的是去了解什么是人工智能、它是如何工作的以及它的局限性。

让我惊讶的是，人们惊讶地发现，像亚马逊的 Alexa 这样的智能音箱随时都在聆听。当我们说“Alexa”的时候，它能够醒过来，你们如何看待这件事？乔治·奥威尔预言，极权主义国家可能会强行把监听设备放到所有人的家里，而人们却无法关闭它。奥威尔不可能想到，人们会如此随意，甚至为这样的产品付费！

了解情况的民众将更有能力追究科技公司的责任。当这些公司行为不端的时候，消费者会更有可能离开。人们会在使用人工智能、是否信赖该技术方面做出更好的选择。在我看来，公众更知情并没有什么坏处。

以假新闻为例。如果有更多的人了解当前技术在处理自然语言方面的局限性，他们会以应有的怀疑态度对待马克·扎克伯格向国会提出的脸书将使用人工智能检测假新闻的说法。他们会意识到，可能还要等几十年，人工智能才能充分理解自然语言的细微差别，从而发现真新闻和假新闻之间的区别。想象一下，到那时社交媒体的毒性会有多大。

10.7 机器的馈赠

希望你现在已经更多地了解了围绕人工智能和伦理的诸多复杂问题。值得铭记的是，我们将要研发的机器是多么令人惊叹，虽然它们的道德决策会带来某种程度的挑战。

我曾经认为这些机器能给我们带来的最大馈赠是时间。毕竟，时间是我们最宝贵的财富。我们一生可以自由挥洒的岁月不过 70 来年。即使是我们当中最富有的人也无法买到比这更多的时间。然而，人工智能可以馈赠给我们一些时间。事实上，人工智能可以有效地将我们从 4D 中解放出来：肮脏（dirty）、无聊（dull）、困难（difficult）、危险（dangerous）。

麻省理工学院开发的机器人“路易吉”（Luigi）正在从事肮脏的工作，对污水进行采样，以测试城市人口中的毒品使用和疾病流行情况。澳大利亚野外机器人中心（Australian Centre for Field Robotics）开发的除草机器人 RIPPA 正在接管我们大多数人都会觉得非常无聊的工作。人工智能法律信息研究助理 AILIRA，由阿德莱德的卡特兰法律事务所（Cartland Law）开发，可以回答有关税法的难题（在许多人眼里，这可能也算得上是一份无聊的工作）。而我自己的“数据 61”（Data61）实验室已经开发了一个完全自主的扫雷机器人。这肯定算得上是被机器接管的危险工作。

让机器完成那些肮脏、无聊、困难或危险的工作，不会给我们带来困扰。当有人告诉我某项工作已经自动化时，我通常认为我们应该高兴。我们让机器来做这项工作，说明这很可能是一项重复而枯燥的工作。在一开始的时候，我们可能就不应该让人类来做这项工作。

当然，用机器取代人类并非没有其他挑战。被取代的人怎么办？他们是否可以继续从事一份有价值的工作？自动化带来的经济利益是否被大家分享？当机器出错时，谁对其负责？

因此，如果机器给我们带来的最大馈赠不是时间，那会是什么呢？从长远来看，我认为机器给我们的最大馈赠是让我们对人性产生了更大的欣赏，甚至是让我们的人性得到了增强。智能机器实际上可以让我们成为更好的人。至少有四种方式可以实现这一点。

智能机器可以使我们成为更好人类的第一种方式是让人际关系变得更有价值。目前，机器只具有有限的情感和社会智能。即使在未来我们能为机器编程，使其具有更高的情感和社会智能，我也怀疑我们是否会像对待人类那样，对它们产生同理心。机器不会坠入爱河，不会因为朋友的逝去而悲恸，不会因为踢到石头而疼得跳来跳去，不会沉浸于玫瑰的芬芳，不会笑得在地板上打滚，也不会被古典音乐的表演所吸引。这些都是人类独有的体验。由于机器不会与我们分享这些经验，我们人类永远不会像对待彼此那样对待机器。我们是高度社会化的动物，正是这样的社会与技术让我们的文明得以进步。社会是建立在关系之上的，而我们永远不会与机器建立如此丰富的关系。

智能机器可能使我们成为更好人类的第二种方式是使人类的创造更有价值。机器将创造许多生活必需品，因此它们的价格将大幅下降。另一方面，人类手工制作的物品将必然更加稀少。而且，正如经济学家告诉我们的那样，这种手工制作的物品将非常昂贵。我们今天已经在时髦文化中看到了这一点。人们对手工制品、手工艺品和艺术作品非常推崇。我们看到了对手工面包、自制奶酪、精酿啤酒、定制西装、定制鞋、现场音乐会和美术的新需求。在某些人描述的人工智能未来中，机器可能创作出与约翰·塞巴斯蒂安·巴赫（Johann Sebastian Bach）相媲美的音乐，能够写出与威廉·莎士比亚（William Shakespeare）相同的十四行诗，能够像巴勃罗·毕加索（Pablo Picasso）那样作画，或者能够写出与简·奥斯汀（Jane Austen）伟大作品相媲美的小说。但我们会在乎这些吗？这样的人工智能讲述不出伟大艺术所涉及的独特人类体验——爱、失败和死亡。

智能机器可能使我们成为更好人类的第三种方式是它具有人工智能。现有的早期迹象显示，人工智能将是一种与我们人类的自然智能非常不同的智能形式。我们已经通过许多例子发现了这些差异。一方面，人工智能可以通过在数据集中发现人类无法理解的洞见来超越人类智能。另一方面，与人类智能相比，人工智能可能是非常脆弱的。即使是四岁的儿童能完成的任务，人工智能也可能会失败。根据最近的进展可以发现，与人类智能相比，人工智能可能是一种更有逻辑性、统计性和非情绪化的智能类型。想想斯波克（Spock），而不是柯克船长（Captain Kirk）。这样的未来可能会让我们更加欣赏我们人类混乱的智慧。

智能机器可以使我们成为更好人类的第四种也是最后一种方式，就是向我们灌输对人类价值观的更深入欣赏，也许还能对人类的价值观进行增强。事实上，人工智能可能会导致一个哲学的黄金时代，一个让我们过上更好生活的时代。尝试用伦理价值观对机器进行编程的目标在许多情况下会失败，但可能会导致我们更深入地了解我们自己的人性价值观。它将迫使我们回答过去社会常常回避的问题。我们如何评价不同的生命形式？公平和公正是什么意思？我们希望生活在什么样的社会中？

人类的未来不是不会犯错的超级智能，也不是永生。这是我们机器的未来。我们的未来恰恰相反，是永远会犯错误的，也是必然会死亡的。

因此，让我们拥抱使我们成为人类的东西。这是我们将永远拥有的一切！

尾　声

我们大脑的产物

这似乎是上辈子的事情，当时我撰写了三部曲系列，介绍了人工智能等技术如何塑造了这个世界。而现在，大本钟即将迎来2062年，我们都生活在被人工智能驱动的未来。现在是回顾这40年的好时机，想想我过去做出的所有错误预测，并感叹人类在2020年这个多事之秋后，已经取得了多么大的进展。

我当时认为，我们需要一场全球性的冲击来促成变革，改革我们的社会，减少不平等，使生活更可持续。而像人工智能这样的技术可以为我们提供一些工具，使地球成为更加美好的地方。

很难判断在2020年的众多事件中，哪一个是最重要的冲击。是标志着气候紧急状况不能再被我们忽视的澳大利亚和美国加利福尼亚州的丛林大火吗？还是拒绝唐纳德·特朗普和他的分裂政治，开启更有同情心的社会转变？抑或是更小的、直径仅为125纳米的新冠病毒（SARS-CoV-2）启动了这20年来整个地球的根本改革？

2021年，当世界人民开始接种新冠疫苗时，全球各地的人们正在觉醒，认为变革是可能的。数十年的新自由主义政治使我们困在种种政策之中，我们试图平衡预算、减税，并不惜任何环境代价寻求经济增长。虽然这些政策确实促进了经济增长，但它们是以牺牲地球为代价，也是以牺牲社会内部的平等为代价的。地球实际上在燃烧，而富人却越来越富有。

肆虐的新冠疫情表明，替代性的、更友好的、更公平的和可持续的道路是可能的。像美国总统特朗普这样的领导人露出了他们的真面目。而富有慈悲心和包容心的领导人——需要指出，其中大多数是女性——如新西兰前总理杰辛达·阿德恩（Jacinda Ardern）带头表明，我们可以建立一个更友好的社会，增进每个人的福祉，而不仅仅是为最富裕的1%服务。

有很多东西需要被改变。反对种族主义的大规模示威只是一个开始。气候、贫困、不平等、性别歧视、民主，所有这些运动都被激发了出来。改变是可能的，变化开始发生。当然，前进的道路上也有挫折。但生活从未恢复正常。

全球化被重新设定。我们并没有放弃国际贸易与合作的好处，但这场疫情唤醒了人们对更简单、更本地化、更“老式”价值观的欣赏。我们中断了草莓的空运，但没有停止向发展中国家运送药品，也没有停止出口我们的科学进步成果与所有人分享。新冠疫情造成的经济压力加速了自动化和人工智能等技术的应用。在21世纪20年代，为了让科技巨头缴纳更多税款，减少虚假新闻，在市场中更负责任，人们进行了长达10年的斗争。

随着机器开始接管更多的工作，艺术、手工艺和社区蓬勃发展。这是第二次文艺复兴的开始，也是人类的重生。

本书到此为止——我的时代即将结束。能够生活在这样的变革中是多么的荣幸：面对当初我们面临的邪恶问题，年轻一代从容应对，他们正在使用人工智能等技术来建设更美好、更人性化的未来。

写于2061年12月31日

致 谢

我要感谢我的经纪人玛格丽特·吉（Margaret Gee），是她帮助我把这本书放到你们手中。我还要感谢我的编辑，布莱克出版公司的朱利安·韦尔奇（Julian Welch）和凯特·摩根（Kate Morgan），是他们出色的工作才使这本书最终面世。本书的一切错误都由我本人负责。

我还要感谢许多人：

我的父母，他们在我很小的时候就支持我的人工智能梦想。

我的双胞胎兄弟，他一直让我脚踏实地。

我在悉尼新南威尔士大学、澳大利亚联邦科学与工业研究组织（CSIRO）的“数据61”实验室和其他地方的学术同事，特别是我的研究合作者和学生，他们为我提供了富有启发的环境，让我继续探索这些梦想。

娜迪亚·劳琳茨（Nadia Laurinci）和她来自“劳琳茨演讲者”（Laurinci Speakers）的团队，感谢他们为我安排好所有的演讲活动。

但最重要的是我要感谢我的家人，他们慷慨地给了我时间，让我撰写第三本书。撰写本书是一份令人愉快的工作。

——托比·沃尔什